本书的出版获得2017年度教育部人文社会科学研究青年基金项目“健康传播视域下青少年与网络色情治理研究”（17YJC860029）资助

传播学视域下网络不良信息治理与青少年健康成长

徐蒙 著

苏州大学出版社
Soochow University Press

图书在版编目（CIP）数据

传播学视域下网络不良信息治理与青少年健康成长 / 徐蒙著. —苏州 ：苏州大学出版社，2022.9
ISBN 978-7-5672-4035-3

Ⅰ. ①传… Ⅱ. ①徐… Ⅲ. ①互联网络—信息管理—影响—青少年—心理健康—研究 Ⅳ. ①B844.2

中国版本图书馆 CIP 数据核字（2022）第 142914 号

书　　名：传播学视域下网络不良信息治理与青少年健康成长
CHUANBOXUE SHIYU XIA WANGLUO BULIANG XINXI ZHILI YU QINGSHAONIAN JIANKANG CHENGZHANG

著　　者： 徐　蒙
责任编辑： 杨　柳
装帧设计： 刘　俊

出版发行： 苏州大学出版社（Soochow University Press）
社　　址： 苏州市十梓街 1 号　**邮编：** 215006
网　　址： www.sudapress.com
邮　　箱： sdcbs@suda.edu.cn
印　　装： 广东虎彩云印刷有限公司
邮购热线： 0512-67480030　**销售热线：** 0512-67481020
网店地址： https://szdxcbs.tmall.com/（天猫旗舰店）

开　　本： 700 mm×1 000 mm　1/16　**印张：** 14.75　　**字数：** 213 千
版　　次： 2022 年 9 月第 1 版
印　　次： 2022 年 9 月第 1 次印刷
书　　号： ISBN 978-7-5672-4035-3
定　　价： 56.00 元

凡购本社图书发现印装错误，请与本社联系调换。服务热线：0512-67481020

前言
Preface

不良信息并非一个新的社会现象。但历史上不良信息的传播范围有限、影响较小。随着人类步入大众传播阶段，信息的大批量生产和传播成为可能。这时，不良信息才成为社会发展进程中的常见危险因素，逐渐引发了包括政府、学术界在内的各界关注。和我国相比，西方发达国家媒体行业起步更早。在发展历程中，除报纸、期刊、广播和电视出现过煽情化、低俗化之外，在图书领域，一些知名的作品也陷入过争议的旋涡。

随着大众媒体的普及，社会上弥漫着由不良信息引起的焦虑情绪，特别是对其危害儿童和青少年群体身心健康的担心。与之相应的学术研究应运而生，学术界对关于不良信息的研究倾注了很大的热情。传统媒体盛行的时代，传播学、心理学领域关于不良信息的研究成果非常丰硕，其方法和理论对于今天开展相关研究仍然具有重要的借鉴意义。1994 年，中国进入网络信息时代，十几亿中国人正式与世界联网。经过近三十年的发展，互联网已经与人们的学习、生活、工作密不可分，为政治、经济、文化的发展提供了巨大的助力。在人们享受互联网带来的种种红利之时，网络空间却问题频发，各类不良信息屡禁不止。互联网的特征使得不良信息传播的速度更快、传播的范围更广、传播的影响更大、表现形式更为多样，治理难度也更高。对于不良信息的治理和研究重心迅速从传统媒体转向了网络空间。

习近平总书记指出："网络空间是亿万民众共同的精神家园。网络空间天朗气清、生态良好，符合人民利益。网络空间乌烟瘴气、生态恶化，不符合人民利益。"[1] 在互联网蓬勃发展的同时，治理工作定不能放松，尤其是在网络信息内容方面。相关问题在科研和治理实践层面，分别呈现以下两种图景。一方面，围绕网络不良信息的研究可以有很多个切入角度，如传播效果、网络治理、媒介素养等。这些视角给我们提供了观察不良信息的多元化窗口，并帮助我们理解为什么网络信息有害、危害是如何发生的，以及如何进行预防和治理。另一方面，根据国内外实践获得的经验，为了有效对抗不良信息，社会需要营造良好的网络生态。综合治理是网络生态治理的发展方向，它强调政府、企业、社会、网民等多元主体的协同参与，同时也对媒介素养教育和主流媒体提出了新的要求。而对于普遍活跃于网络上的青少年群体而言，建立适应时代特征的本土化综合性干预框架，用以指导、监督其健康上网则非常重要。

本书一方面以建立有效的网络空间规则，指导青少年科学上网为主线，基于多学科视角，梳理了相关领域的理论和实践成果，对于不良信息问题展开了全方位的分析和探索，有助于学术界和政府管理部门深层次理解不良信息问题；另一方面探析了主流媒体与主流价值观的关系，并分析了媒介素养和媒介素养教育在时下的重要作用。此外，本书对于不良信息的治理理念和制度设计进行了一些本土化研究，探讨了网络信息内容的生态治理路径，以及从微观、中观、宏观三个层面构建了青少年网络使用的多元协同干预模式，并对未来研究提出了建议。

受时间所限，本书还存在以下不足，期待在未来能够进行调整和增补。首先，本书在媒介素养教育、网络生态治理方面对国外实践关注不

---

〔1〕 习近平. 习近平在网络安全和信息化工作座谈会上的讲话［N］. 人民日报，2016-04-26（02）.

足，对相关案例、立法实践论述得较少。其次，本书对认知心理学、社会心理学的相关成果的引入还不够充分，面对浩如烟海的文献，还有很大的提升空间。最后，本书更多的是从社会科学的角度来探讨不良信息问题，而相关议题还可以从文化研究的角度展开分析，本书对于后者关注不足。

本书在写作过程中得到了家人、朋友的关心和支持，他们是笔者创作的重要动力。颜丹红、翁雨潇、张茹茹三位研究生为笔者提供了许多帮助，感谢她们。另外，笔者要特别感谢苏州大学出版社陈兴昌、李寿春两位编审对本书提供的建议和指导。

国内传播学领域关于不良信息的研究仍有待深耕。笔者希望有更多的学者能够关注到这一问题，当然也欢迎有其他学科背景的学者介入。在本书的写作过程中，笔者深刻地理解到高质量学术成果需要以学者的勤奋和坚持作为前提。功不唐捐，笔者需要加倍努力。

目录 Contents

绪　论

第一节 研究背景

古希腊哲学家柏拉图在他的《理想国》中讲述了这样一个故事：一个牧羊人无意中获得了一枚可以隐身的戒指，于是他开始变得随心所欲，作了很大的恶。与我们生活息息相关的互联网具备开放、自由、匿名的特征，如果缺乏有效监管，就如同这枚可以隐身的戒指一样，让网络生态变得非常糟糕。

20 世纪 90 年代，中国正式迎来了互联网。此后的 30 多年时间里，互联网在神州大地呈现蓬勃发展的态势，与各行各业的联系日益密切，和网络相关的新技术、新产品、新业态层出不穷，并深刻地嵌入了每个人的生活。根据第 48 次《中国互联网络发展状况统计报告》提供的数据，截至 2021 年 6 月底，我国网民规模已经达到 10.11 亿，互联网普及率达 71.6%，其中，19 岁及以下年龄段的网民占网民总体比例的 15.6%。[1] 而根据共青团中央维护青少年权益部和中国互联网络信息中心发布的《2020 年全国未成年人互联网使用情况研究报告》，截至 2020 年年底，中国未成年网民规模达 1.83 亿，互联网普及率高达 94.9%，而从学历段看，小学生互联网普及率达 92.1%，初中生达 98.1%，高中生达 98.3%，中等职业教育学生达 98.7%。[2] 这些数据表明，青少年和互联网存在极其密切的联系。而与此同时，网络空间却存在一些乱象和媒介失范的问题，比如，网络上存在的色情、低俗、暴力、炫富等不良信息。这些不良信息会污染未成年人的身心，甚至诱发犯罪。

对于互联网的治理已经上升到国家安全层面，传统的治理模式不断

---

〔1〕 中国互联网络信息中心．第 48 次中国互联网络发展状况统计报告［EB/OL］．［2021-12-31］．http://www.cnnic.net.cn/hlwfzyj/hlwxzbg/hlwtjbg/202109/P020210915523670981527.pdf.

〔2〕 共青团中央维护青少年权益部，中国互联网络信息中心．2020 年全国未成年人互联网使用情况研究报告［EB/OL］．［2021-12-31］．http://www.cnnic.net.cn/hlwfzyj/hlwxzbg/qsnbg/202107/P020210720571098696248.pdf.

遭遇新挑战。全国网络安全和信息化工作会议指出，要提高网络综合治理能力，形成党委领导、政府管理、企业履责、社会监督、网民自律等多主体参与，经济、法律、技术等多种手段相结合的综合治网格局。借用一种经典的说法，互联网是一把双刃剑，社会公众一方面享受着互联网带来的种种便利，另一方面也要警惕和预防互联网带来的各种风险，其中就包括不良信息的负面影响。如今，手机、网络给青少年的健康成长带来了很大的挑战，迫切需要我们科学理解不良信息的传播机制、影响机制，采取有的放矢的规制手段以净化网络环境，并采取综合性干预框架促进青少年科学、健康、安全上网。有学者把中国特色的互联网治理基本路径总结为“三好”，即“建设好”“利用好”“管理好”，其中，“管理好”是指“国家持续开展制度机制改革创新，抑制互联网应用带来的负面效应和消极影响”[1]。

无论是国内还是国外，广大公众都难逃不良信息的侵扰，媒介环境引发了全球范围的忧虑和警惕，大量研究应运而生。早在20世纪中叶，当各类媒体得到迅速普及时，电视在普通人生活中也得以普及。在人们享受了媒体带来的巨大好处的同时，很多社会问题开始浮现，传播学领域的学者们纷纷表达了对于媒体带来的负面影响的担忧。而为了解答不良信息是如何呈现的及对个人、社会产生了哪些影响等诸如此类的问题，学者们进行了持久的努力。作为传播学史的重要著作，《大众传播效果研究的里程碑》一书分析了发生在20世纪的14个重要的研究项目，其中，与暴力相关的项目就包括施拉姆（Wilbur Schramm）教授等在1958—1960年组织开展并发表于《儿童生活里的电视》一书中的系列研究、20世纪60年代末收录在《暴力与媒体》及《关于电视与社会行为的卫生局长报告》这两份报告中的系列研究，以及20世纪80年代收录在《电视与行为：10年的科学进展和对80年代的启示》中的系列研究。而在色情治理方面，美国早在1968年就组织了由总统任命的淫秽和色情委员会，系统性研究观阅色情的效果问题。该委员会曾于

---

〔1〕 彭波．互联网治理的“中国经验”［J］．人民论坛，2019（34）：58-62.

1970年发布相关报告。在英国，由内政大臣任命的淫秽和电影审查委员会成立于1977年。该委员会负责审核英格兰和威尔士除广播领域外的出版物、展览和娱乐中有关淫秽、下流和暴力的法律，以及评估英格兰和威尔士的电影审核问题并提出建议。这些带有官方背景的研究开启了一个新的跨学科领域，之后的几十年来相关研究的热度始终不减。

近几十年来，围绕着对各类不良信息的治理研究，传播学、政治学、心理学、法学、公共卫生学等学科领域诞生了大批成果。以传播学为例，暴力和色情内容的治理始终是传播效果领域研究的热点。整体来看，国外相关文献以实证研究为主，研究主题多样；国内则多是思辨研究，主要围绕网络规制视角展开，实证研究数量比较有限且往往不够深入，需要及时借鉴、吸收国外成果，并进行理论和方法上的本土化探索。

互联网的开放、包容、匿名等特征，既成就了它的发展，又给监管工作带来了很大的挑战。进入自媒体时代，人人皆是传播者，海量内容每时每刻在网络空间生产、传播，网民遭遇不良信息的风险也在同步增加。尽管中国在互联网治理方面已经取得了很大的成就，但是随着网络技术的快速演进、应用创新的持续加快及信息生产的指数级增长，网络治理不断面临新问题和新挑战，建立一套行之有效、符合国情的规制体系更是当务之急。

近几十年来，中国的网络媒体不断经历大浪淘沙，爆款产品从当初的论坛、贴吧，发展到今天的“两微一抖”（微信、微博、抖音）。每一种新兴媒体的崛起，通常都伴随着国家层面网络治理工作的展开。尤其是采用UGC（User Generated Content，用户生产内容）模式的媒体始终是治理工作的重点。2014年，国内的网络直播异军突起，其繁荣在很大程度上依托游戏市场和电子竞技的火爆。目前，网络直播的内容主要集中在娱乐领域，以游戏直播、演艺直播和生活秀直播为主。网络直播正式兴起于2016年，也正是从这一年开始，面对一些直播乱象，如利用平台传播淫秽色情、低俗、暴力、赌博内容等，我国将文化市场治理工作重心转向直播平台：一方面，有条不紊地展开相关立法工作，出台多部具有针对性的规范性文件；另一方面，在执法时，比如，在一年一度的“扫黄打非”行动中，将直播平台作为工作的重点。几年下来，网络直播的治理工作取得了显著成效。在有关部门的监管和引导之下，这一行业正走在健康、良性发展道路上。2017 年前后，短视频兴起，历经“资本涌入”“巨头布局”“出海提速”等阶段，快速成长为最有活力的新媒体形态，在短短几年间先后诞生了上百家平台，头部代表性平台有抖音、快手等，而与短视频的火爆相伴而生的也包括各种违规乱象，于是短视频迅速成为监管和治理的重点。面对激烈的市场竞争，短视频行业在增长红利耗尽的背景下，想要获得持续的良性发展，势必需要在内容质量上下功夫，鼓励原创。事实上，无论是直播还是短视频，都和近十几年来其他互联网行业一样，沿袭了一种类似的发展模式：行业发展早期如火如荼，但媒介失范问题层出不穷，而随着监管加强和竞争加剧，经过洗牌之后，行业走向成熟，最终少数平台取得竞争优势。历史证明，只有制度完善、内容质量过硬的媒体才能获得生命力、影响力和持久力，任何企业靠“歪门邪道”都不能长久发展。与此同时，传统主流媒体在与互联网融合的过程中，在内容、形式上不断推陈出新，逐渐掌握了“流量密码”，在构建良性网络生态、传递主流价值观方面发挥了越来越重要的作用。

结合互联网的发展走向，网络媒体规制呈现出三种逻辑。第一是模式的逻辑，即相似的媒体模式往往表现出相似的问题，采用相似的治理路径。尽管媒体的形态不同，但暴露出的失范现象往往是“旧瓶装新酒”，而且其面临的法律风险和监管的方式非常接近。比如，同采用 UGC 模式的网络直播和短视频，受“流量为王”和“利益至上”片面思维的影响，都遭到了色情、低俗、炫富、搞怪、暴力等违规内容的困扰，政府采取的治理方式也非常类似，即综合运用立法、执法手段迅速改善网络生态。站在模式视角看待网络，很多现象可看作老问题的发展与演化，很多情况明明可以未雨绸缪，有效地避免。第二是技术的逻辑。时下，技术在遏制网络空间内不良信息传播、引导社会价值观方面发挥着越来越大的作用。一方面，人工智能、大数据技术的发展成为互联网生态治理的重要助力。现在大部分平台都会采用技术先进行内容识别，通常还会辅以人工审核。另一方面，算法时代的智能媒体具备内容分发功能，能将主流价值观和个性服务结合，打破受众“信息茧房”，校准其价值取向，但不可否认的是，技术也会为不法分子所滥用，他们利用技术违法犯罪并逃避监管和打击，给网络规制增加了很多难度。此外，技术也为家长监管子女上网提供了便利，比如，许多互联网应用提供的青少年模式，但从实践来看，有效监管仅靠单一技术保护根本无法实现，仍然需要家长发挥主观能动性。第三是综合治理的逻辑。网络治理与网络乱象相伴相生。随着网络生态日益复杂，网络治理工作需要不断应对新现象、新挑战。过去 20 多年的经验表明，网络治理若要取得成效需要综合性的网络治理工具，需要利益相关方协同参与。何明升、白淑英将网络治理工具分为四种，分别为自愿性工具、疏解性工具、调节性工具和规制性工具。每种工具又对应数目不等的二级治理工具。在《网络治理：政策工具与推进逻辑》一文中，他们指出：“一国对网络属性的不同定位将决定其网络治理的思维模式，并体现为相应的治网逻辑和工具组合策略。”[1] 网络治理需要利益相关方齐心协力，共同努力，并协调好各自的分工关系，故采用的治理工具也应该多元化，且呈现与时俱进的特点。

“生态”一词起源于古希腊。在西方，人们最早谈到“生态”，关注的是生物的生理特性、生存形态，以及生物在所处环境中生存、适应的行为与方法等。生态和生态学属于生物学范畴，生态学也成为一门研究生物与环境相互关系及其作用机理的科学。之后，生态学的研究范畴不断扩大，并为多种学科包括人文社会学科所吸收。现代政府对经济、社会事务的管理与制度设计，也借鉴了生态学的相关理念。为营造良好的网络生态，保障公民、法人和其他组织的合法权益，维护国家安全和公共利益，构建天朗气清的网络空间，中华人民共和国国家互联网信息

---

〔1〕 何明升，白淑英．网络治理：政策工具与推进逻辑［J］．兰州大学学报（社会科学版），2015（3）：72-81.

办公室（以下简称“国家网信办”）发布了《网络信息内容生态治理规定》。该规定界定的网络生态治理是指政府、企业、社会、网民等主体，以培育和践行社会主义核心价值观为根本，以网络信息内容为主要治理对象，以建立健全网络综合治理体系、营造清朗的网络空间、建设良好的网络生态为目标，开展的弘扬正能量、处置违法和不良信息等相关活动。这项规定集中、系统地展现了近年来我国网络生态治理的智慧，相关工作呈现出灵活性、多主体性、工具多样性、协同性的特点。举例来说，2021 年 9 月，针对突出的文化乱象，为进一步加强管理，从严整治艺人违法失德、“饭圈”乱象等问题，旗帜鲜明地树立爱党爱国、崇德尚艺的行业风气，《国家广播电视总局办公厅关于进一步加强文艺节目及其人员管理的通知》得以发布。该通知要求：① 坚决抵制违法失德人员；② 坚决反对唯流量论；③ 坚决抵制泛娱乐化；④ 坚决抵制高价片酬；⑤ 切实加强从业人员管理；⑥ 开展专业权威文艺评论；⑦ 充分发挥行业组织作用；⑧ 切实履行管理职责。从以上八项措施来看，一方面，该通知体现出政策的灵活性，针对时下深受老百姓诟病的突出乱象做出了规制；另一方面，该通知涉及整个文艺产业链上所有的机构和人员，涉及的主体包括广播电视行政部门、行业组织、广播电视机构和网络视听平台、从业人员、文艺节目的演员和嘉宾，体现出协同治理的思维。此外，该通知还体现出规制方式的综合性，不仅主体多元，治理工具也多样。

互联网是当下重要的精神文明阵地。开展网络生态治理、依法规制网络不良信息的工作不仅关系国家安全、社会公共利益，关系公民、法人和其他组织的合法权益，也关系青少年的未来。一方面，本书兼顾理论与实践，从学理层面基于不同理论框架梳理相关研究，分析网络不良信息的内涵、外延，以及其对于个人、社会的负面影响。理论研究为科学决策提供证据支持，服务于政策制定、执行和评估。另一方面，本书还结合国内外媒介规制的探索与实践，试图建立出符合国情和媒介生态发展趋势且致力青少年健康成长的网络生态治理框架和促进青少年健康上网的干预框架。笔者以为，网络媒介的业态和形态不断变化，传播主体多元化、媒体环境复杂化，建立干预框架时，需要结合新的媒介情景，推进治理主体、治理方式和治理规则的现代化。

本书以改善网络生态、推动青少年科学上网为主线，全景式地展现了网络不良信息问题和海内外研究成果，从多学科视角对这一领域展开探讨，助力读者科学、全面地认识网络不良信息问题。除此之外，在梳理现有规制体系和媒介素养教育的基础上，基于我国国情，提出营造清朗网络空间和促进青少年健康上网的对策建议，并对相关领域的未来研究方向提出了建议。

第二节　研究意义

习近平总书记强调："网络空间是亿万民众共同的精神家园。网络空间天朗气清、生态良好，符合人民利益。网络空间乌烟瘴气、生态恶化，不符合人民利益。"〔1〕网络不良信息是人类精神家园的共同威胁。青少年正处于身心成长的关键期。他们普遍在网络中表现活跃，但其知识水平、社会经验不足，自我保护和自我控制能力薄弱，面对不良信息时缺乏正确的认知能力和免疫力，属于易感人群。近些年来，世界各国都面临着互联网对价值观念、社会秩序的冲击。例如，大量实证研究表明，近几十年来，全世界范围内普遍呈现集体主义文化下降，个人主义价值观上升的局面。〔2〕既有的研究也表明，一方面，文化在媒介空间不断推陈出新，呈现百花齐放的局面，尤其是新媒体带来很多新气象，"互联网+文化"的融合在近些年呈现加速趋势；另一方面，伴随着媒体与人们联系的日益密切，媒体所塑造的信息环境对于人们的心理状态和行为产生的影响更为深远。社会观念日益变得多元化，且带来了很多消极内容，威胁、挑战着社会主流价值观念。复杂多变的网络业态和生

〔1〕习近平．习近平在网络安全和信息化工作座谈会上的讲话［N］．人民日报，2016-04-26（02）．

〔2〕黄梓航，敬一鸣，喻丰，等．个人主义上升，集体主义式微?：全球文化变迁与民众心理变化［J］．心理科学进展，2018，26（11）：2068-2080．

态为治理工作增添了很大的难度。面对数目庞大、形式多样的网络媒体，净化网络环境，建立有效的干预体系，促进青少年科学上网显得特别重要。

一、理论价值

国内学者在分析关于“不良信息”的议题时通常聚焦于规制问题，多围绕治理策略展开，实证研究较为缺乏。而且，无论是国内还是国外的研究，在分析不良信息效果问题时往往都不涉及理论。少数文献依托心理学相关理论进行阐释，涉及的理论主要有条件反射理论、激情迁移理论和社会学习理论等。这些理论要么强调不良信息内容会产生不良刺激，要么强调负面效果是受众通过社会学习获得的。除此之外，还有研究者结合传播学的涵化理论来阐释不良信息内容是如何作用于个体的，以及通过“第三人效果”理论解释公众对于不良信息的态度。从国内的研究实际看，因为相关文献整体数量偏少，这些理论在中国的本土化探索并不充分，研究者且对于国外的发展动态了解不足。当前，国内对不良信息的研究主要基于法学、行政学视角，比较单一。而事实上，社会科学下的各个学科关于不良信息的探索由来已久，存在不同的范式和流派，理解和阐释的方式各异。我们完全可以从网络治理、文化研究、行为科学等角度加以考察。对于同一研究领域，多学科交叉融合能够提供综合性、系统性知识，更有利于解决人类面临的重大社会问题。网络不良信息对于社会危害巨大。研究者需要结合不同领域、不同学科的知识来理解其生产、传播和作用机制，并从理论层面分析、评价网络治理问题及给出相应的措施与建议，同时构建适合我国国情的青少年科学上网干预框架。

结合国外研究情况看，很多文献基于实证研究探索不良信息问题，比如，基于涵化理论框架探索不良信息所产生的各种影响。涵化理论由美国传播学学者乔治·格伯纳（George Gerbner）于 20 世纪 60 年代提出，强调媒体影响了人们对于世界的感知。涵化理论自提出以来，即引起了众多学科的兴趣，并发展成传播学最有影响力的理论之一。有研究统计，截至2010年，围绕涵化理论已经发表的研究论文有500余篇，仅从2000年至2010年就有125篇。[1] 近些年来，国内新闻传播学领域的研究和教育工作取得了很大的进展，尤其热衷于紧追学科发展的前沿热点，但对许多基础性工作有所忽视。国内对于涵化理论的研究偏介绍性质且比较粗略，对于这一经典理论关注不足。事实上，涵化理论近些年来取得了非常大的发展，不断被学者扩大应用范围，围绕着不良信息进行了很多层面的探索，只是相关实证研究在国内开展得并不充分。再比如，很多国内学者都指出，提升网民媒介素养是抵御网络不良信息的重要手段，但相关论述普遍基于学者个人的经验和体验，缺乏实证研究的介入，从而导致相关政策建议缺乏科学的论据。

也正是因为缺少理论研究，尤其缺乏实证研究，国内学术界、管理部门和一般社会公众对网络乱象的基本情况理解得不准确，对规制网络不良信息的意义理解得不深刻、不全面。事实上，网络不良信息对个人、社会两个层面均会造成不良影响，而实证研究能提供大量证据，并对治理工作提供很多借鉴。面对不断变迁的社会与媒体新格局，研究者迫切需要探索交叉整合不同理论。而这些都是本书致力总结的方面。在一定程度上，本书是对传播学和相关学科学科史的一次梳理。笔者认为，网络不良信息对于青少年的价值观和行为的影响机制是复杂的。因而，厘清它们之间的关系，构建宏观、完善的理论解释框架，对推动相关领域本土化理论的构建、丰富我国传播学的发展均具有深远的理论意义。

二、实践价值

互联网是社会主义文化传播的最重要载体。不良信息对整个社会，尤其是对青少年存在不同层面的危害。网络绝不是法外之地，东西方国家都对不良信息进行了严格控制。党的十八大报告强调，要加强社会主

---

[1] MORGAN M, SHANAHAN J. The state of cultivation[J]. Journal of Broadcasting & Electronic Media, 2010, 54(2):337-355.

义核心价值体系建设，要全面提高公民的道德素质。在这种背景下，只有深入理解网络不良信息问题的现状和本质并探讨相关干预措施，才能推动这些目标的实现。除此之外，网络安全问题已经上升到国家安全的高度，引发了全社会的关注。网络治理工作的重要性不断凸显。因此，非常有必要在梳理、剖析国外网络治理经验的基础上，梳理网络治理的“中国模式”，继而提出以改善网络生态为目标的网络综合治理体系，提高网络治理水平。在分析国内网络不良信息规制和青少年健康上网的问题时，本书纳入了多学科视角，广泛地吸收了不同领域的成果。在行文中，本书既强调思辨逻辑，注重从法制伦理层面思考规制问题，又注重引入实证主义逻辑，从政策科学等方面阐释规制网络有害信息的重要性、必要性和紧迫性，以及提供必要的政策决策依据。

1. 控制网络不良信息的传播，为网络环境治理提供线索和政策建议

尽管网络环境治理总体形势大为改善，但网络不良信息问题仍然需要重视。随着互联网相关技术的发展，网络不良信息传播也有了新动向，比如，从固定互联网向移动互联网转移，利用新兴 UGC 模式媒体如网络直播平台等。这给原有的“群众举报、网警出击”和“关键词屏蔽”治理模式带来了很大挑战。本书立足受众层面，考察当下网络不良信息传播的实际情况，能为政府有关部门净化网络空间提供线索和政策建议，引导青少年健康成长。

2. 探析不良信息对于青少年的危害，为合理打击网络不良信息提供事实依据

国内各界人士关于反对网络不良信息的思考，更多的是建立在公序良俗的道德层面上，尤其是在保护青少年这一出发点上，是一种价值判断。社会科学应该重视事实判断，而我们的研究可以提供另外一种解释视角，即通过梳理相关理论和相关研究，为我国现行的关于规制网络不良信息的法律法规、政策的合理性提供证据支持。同时，我们的研究可以为社会提供一个更加广阔的思考网络不良信息问题的视角，凝聚社会共识，共同打击网络不良信息。

3. 建立涉及多元主体的网络信息内容生态治理措施

社会各界已经意识到，网络环境错综复杂，涉及的主体众多，治理方式多样，必须要整合所有相关力量投入治理才能取得成效。在制度层面，《网络信息内容生态治理规定》明确了互联网主体需要承担的责任和义务。在网络治理过程中如何协调各方，避免陷入治理主体不明、方式不当和机制效率低下的困境，加强协同治理成效是当下亟待解决的课题。本书尝试建立一条适合我国国情的网络信息内容生态治理路径。

4. 引导青少年树立正确价值观，提出保障青少年健康上网的综合性干预框架

青少年正处于价值观形成和确立的时期，容易叛逆和冲动。本书着眼于分析网络不良信息的影响机制，力图改变以往单调、缺乏互动的宣教模式，从而拓展出多角度、动态性的综合干预措施。从微观、中观到宏观，对国家网信办、文旅部、教育部、卫健委等部门提出政策建议；面向学校、家庭和青少年个体，提出引导青少年树立正确价值观、防范青少年网络风险行为的综合性干预框架。

第一章
网络不良信息的范畴、特征及传播现状

第一节　网络不良信息的范畴、特征及传播现状

一、网络不良信息的界定

违法和不良信息共同构成了我国网络信息内容生态治理的对象。《现代汉语词典》（第 7 版）将“不良”解释为“不好”。与之搭配的词组包括“不良现象”“消化不良”“存心不良”。也就是说，“不良”是一个贬义词，是与“好”相对的概念。关于“不良信息”的内涵，国内学者的理解不尽相同，但相关的大部分研究都是围绕网络环境展开的。贾焰、李爱平、李欲晓等人在 2016 年发表的论文中，对“网络不良信息”做出的定义是通过互联网传播的违反宪法和法律法规规定，违背社会公共利益或道德，对国家、社会或个人产生有害影响的信息。他们将互联网不良信息与互联网违法信息、互联网不健康信息、互联网垃圾信息及互联网不正当和不良信息视为同一概念。〔1〕但更多的学者还是将不良信息和其他对社会产生危害的信息做了细分。张新宝和林钟千比较了有害信息、垃圾信息、不健康信息、不良信息、违法信息的概念。他们认为，不良信息相较于其他概念更为宽泛些，主要是指违背社会主义精神文明建设要求、违背中华民族优良文化传统与习惯，以及其他违背社会公德的各类信息，包括文字、图片、音视频等，它可以包含不道德、价值观不正确，以及接收主体不需要或不愿意接收等含义。〔2〕匡文波和高岩则是把不良内容和非法内容做了区分，他们所界定的不良内容指的是成年人可以合法浏览，但是对未成年人具有潜在危害的内容，如色情、暴力等。〔3〕李乔将网络不良信息界定为互联网上

---

〔1〕贾焰，李爱平，李欲晓，等. 国外网络空间不良信息管理与趋势［J］. 中国工程科学，2016，18（6）：94-98.

〔2〕张新宝，林钟千. 互联网有害信息的依法综合治理［J］. 现代法学，2015，37（2）：53-66.

〔3〕匡文波，高岩. 新媒介环境下西方国家保护未成年人免受不良信息侵害的策略分析［J］. 国际新闻界，2010（1）：39-45.

那些容易对人的身体造成损害，给人的精神带来污染，使人的思想产生混乱，让人的心理变得异常的垃圾信息，包括色情信息、暴力信息、反动信息、伪科学与迷信信息、诱赌信息、厌世信息等。它们大多具有粗鲁、庸俗、虚假、怪异、矫情等性质。[1] 而共青团中央维护青少年权益部联合中国互联网络信息中心发布的《2019 年全国未成年人互联网使用情况研究报告》则是将“网络不良信息”界定为在互联网上传播的炫富、淫秽色情、血腥暴力、消极颓废思想等信息。

我国对于违法违规内容的界定范围在一系列法律法规中大体保持了一致。2019 年，在国家网信办室务会议上审议通过的《网络信息内容生态治理规定》更是对网络信息内容进行了细化。一方面列举了鼓励信息内容者生产制作、复制、发布的 7 种信息类型，另一方面则规定了 11 种违法信息和 9 种不良信息类型。该规定列举的不良信息类型有：① 使用夸张标题，内容与标题严重不符的；② 炒作绯闻、丑闻、劣迹等的；③ 不当评述自然灾害、重大事故等灾难的；④ 带有性暗示、性挑逗等易使人产生性联想的；⑤ 展现血腥、惊悚、残忍等致人身心不适的；⑥ 煽动人群歧视、地域歧视等的；⑦ 宣扬低俗、庸俗、媚俗内容的；⑧ 可能引发未成年人模仿不安全行为和违反社会公德行为、诱导未成年人不良嗜好等的；⑨ 其他对网络生态造成不良影响的内容。根据以上内容我们可以看到，该规定所界定的不良信息涉及信息内容的道德判断，可以归于传播伦理范畴。法律和道德的关系是法理学最经典的议题之一。从法学角度看，法律和道德是一个相对概念，两者既有区别，也有联系。道德和法律都是特殊的社会价值形态。从调整范围看，道德不仅调整人们的外部行为，还调整人的内心动机和过错；而法律并不惩罚主观过错。一般来说，由法律调整的道德也应调整，道德的调整范围比法律更为广泛。和违法信息危害性较强、判断标准明确、必须由司法和执法机构来处理不同，不良信息尽管危害性相对较轻，但依然会

---

〔1〕 李乔．网络不良信息对未成年人健康成长的危害及消除［J］．中州学刊，2007（6）：113-115.

冲击社会秩序并对其他人构成伤害，而针对不良信息的判断标准较为模糊，往往依据各国的文化和主流道德而定。本书所讨论的网络不良信息指的是在网络空间内生成和传播，违背社会道德，不符合社会主流价值观念，容易误导青少年的各类信息。当然，互联网空间内，法律和道德问题存在很多交集，因此，我们讨论的外延也适度放大。

二、不良信息的判定原则

常态化执法和运动式执法相互结合与补充，共同构成我国文化产品的社会治理方式。由于我国目前没有专门的新闻传播法，关于文化产品内容的规范散见于我国法的各个门类。在文化产品内容方面的规范要求上，《互联网信息服务管理办法》《出版管理条例》《电影管理条例》《广播电视管理条例》《网络出版服务管理规定》《互联网文化管理暂行规定》等法律法规大致保持一致。以第四次修订的《出版管理条例》为例，其规定的禁止性内容主要基于以下两个原则。其一是维护国家安全的原则。禁止的内容包括违反宪法原则，危害国家统一和领土完整，泄露国家秘密。其二是保障社会正常秩序和善良风俗的原则。禁止的内容包括淫秽和色情，造谣和诽谤，宣传迷信、邪教，渲染暴力、赌博和恐怖，以及破坏社会秩序、民族平等和团结，危害社会公德或者民族优秀文化传统。

对于文化产品治理的重要性和必要性，社会各界已经达成了共识。整体而言，我国近些年来对于文化市场的治理力度不断加大，取得的效果也非常明显。但从现实状况看，除了立法滞后之外，治理工作也仍然存在一定的问题。除了不法组织和个人出于各种目的生产、传播、运营违规信息之外，部分依法成立的文化企业也存在内容违规的问题。从行业发展角度看，当前文化产品的内容监管存在若干困难，首要问题就是边界判定。文化产品形式丰富，判断其内容是否合规是一个很难解决的技术问题。和很多国家对暴力、色情内容加以分级不同，我国目前尚未施行分级制度。这就使得文化监管工作在网络时代媒介环境复杂多变的背景下面临更大的压力。而在司法和执法实践中，在文化机构和社会公众监督过程中，如何把握尺度，是一个非常重要的问题。对于机构和个人来说，判断内容是否合规时操作层面难度很大，通常都是根据经验。近些年来，文化产品在互联网环境下变得极为丰富，其形式和形态也不断发生变化。这就导致违法违规内容总是以新的方式出现，还常常披着"合法"外衣，给监管工作不断带来新的挑战。

作为民法的重要原则之一，"公序良俗"是公共秩序和善良风俗的简称。法律原则体现了法律的价值和目标，起到了价值倡导和内容补充的作用，是一种更加宏观和具有较强稳定性的指导精神。在民法中，公序良俗原则的价值独特性体现在兼具"价值宣示"和"裁判规范"的双重法律性质，并在司法实践中承担"弥补漏洞"和"增强解释与论证"的作用。[1] 我们借用这一原则作为判断文化产品内容是否合规的依据，主要基于两个原因。其一，公序良俗原则是我国现有文化产品管理规范的概括和抽象，而明确是否遵循公序良俗原则可以起到价值确认的作用。从大背景来看，我国尚未制定专门的新闻传播法，学术界对于新闻传播法的原则问题关注不足，需要认识和明确。而违法和不良内容对于社会关系存在多层次的侵害。从现有的立法和司法实践来看，相关规制主要基于维护国家安全的原则及保障社会正常秩序和善良风俗的原则。公序良俗原则主要对应涉及社会秩序和社会道德的内容，是现行制度规范的高度总结和概括，与保障社会正常秩序和善良风俗的原则大体能够画等号。纵观现实生活，文化产品时下最为突出和最为普遍的问题就是对于公序良俗原则的背离，且各种违法违规现象层出不穷，故明确这一原则具有重大的现实意义。除了具有禁止性的提示意义之外，公序良俗原则还体现了社会主义精神文明建设的价值取向，可以成为文化内容生产、流通、传播的倡导性方针。《出版管理条例》第 55 条界定了国家支持、鼓励的优秀、重点出版物类型，其中就包括：对弘扬社会主义核心价值体系，在人民中进行爱国主义、集体主义、社会主义和民族

〔1〕 罗时贵. 中国民法公序良俗原则的法律性质［J］. 重庆大学学报（社会科学版），2018（5）：139-150.

团结教育以及弘扬社会公德、职业道德、家庭美德有重要意义的。公序良俗原则与其高度对应，需要进一步加以明确。其二，公序良俗原则在现有制度框架下富有灵活性和变化性，适合当下中国规范文化产品的现实国情。通常情况下，法律原则在规则遗漏、规则冲突和规则不义时方可成为判断依据，起到对规则的补充作用。[1] 公序良俗原则可以查漏补缺，在解决疑难案例和规则出现空白时对现有规则体系起到补充和确认的作用，方便执法者执法。作为一种普世伦理，世界各国对于公序良俗的判断标准却各有不同，对这一问题的判断标准是各民族依靠自己的历史文化形成的。文化层面的公序良俗原则处在与时俱进的发展过程中，且带有一些本国、本民族的特征，需要结合具体的社会情景来判断。这一特性对于中国整顿文化市场具有十分重要的意义。针对各种纷繁芜杂的文化现象，灵活地使用公序良俗原则能清理“死角”，对甄别和判断模糊地带起到一定的作用。

三、不良信息生产与传播的动因

不良信息之所以能够频繁出现，在很大程度上是因为受到经济利益的驱使。一些机构、个人出于营利目的，在无良商业逻辑下进行不良信息的生产和传播。在移动互联网时代，流量意味着财富。网络上流传着这样一种过于片面的说法：“流量意味着体量，体量则意味着分量；用户聚焦之处，金钱必将随之。”崇尚流量的思维强调了消费者在市场建构中的重要性，以及消费规模、消费增量和消费偏好在市场建设中的积极作用。互联网产品只有积累一定量的流量和用户，才能创造价值。为了流量，部分采用 UGC 模式的平台存在内容生产监管不力，甚至纵容不良信息生产的现象。而为了吸引眼球、博取关注，一些作为内容生产者的个人，比如，主播、短视频内容制作者、写手等，无视社会责任，挑战法律和社会公德。相关乱象扰乱社会秩序，挑战伦理道德，必须坚决予以整治。

---

〔1〕 陆俊杰. 法律原则司法功能的限定及实现［J］. 社会科学论坛，2014（10）：83-88.

治理网络空间的过程中不乏一些关于整顿传播主体的典型案例。这些案例非常值得我们分析和总结。这些传播主体出于商业利益，在互联网空间扰乱传播秩序，违反法律法规和传播伦理，造成了严重的社会后果。2014 年，“秦火火”和“立二拆四”案成为治理网络谣言、净化网络环境的典型案例。在该案例中，警方调查发现，二人为提升网络知名度和影响力，策划、炮制了一系列网络热点事件，通过编造、散布虚假信息，煽动公众情绪，达到赢利的目的。公诉机关指控，“立二拆四”创办网络推手公司，为谋取经济利益，多次通过信息网络有偿提供删除信息服务，并在明知是虚假信息的情况下，仍通过信息网络有偿发布信息，扰乱市场秩序，情节严重，涉嫌构成非法经营罪。如今，网络“水军”已经形成了一个规模庞大的产业链。他们通常被公关公司雇佣，通过网络炒作、删帖等方式，在各大网络平台中操纵舆论，进行网络造势和危机公关。网络“水军”极大地扰乱了市场秩序和网络传播秩序，违背社会公序良俗，引发社会危机，需要采取有效措施加以整治。而自打有直播平台以来，一些主播为博取受众的眼球，吸引粉丝关注、点赞、打赏，也频频触犯法律道德红线，出现过直播不雅行为、直播危险驾车、直播女性宿舍等乱象。归根结底，这也是受利益的驱使，因为主播的收入由底薪加提升构成，而拥有大量粉丝的主播，还能接到商业代言和广告，以及直播卖货，这也是一个重要的收入来源。短视频与直播模式类似，且这两种模式开始出现融合。直播平台可以发布短视频，短视频平台也可以直播。二者同属于 UGC 模式媒体，其乱象也具有很大的相似性。对于媒体机构而言，它们必须纠正过度崇尚流量思维的错误经营观念。

色情产业规模庞大，在一些国家甚至发展成支柱产业。这些国家都有不少规模化制作、传播、销售色情内容的专业化成人娱乐公司，甚至还有成人电视台。目前来看，色情网站主要通过两种方式赢利。第一种方式是基于用户订阅。消费者需要支付一定金额的费用，以获得平台提供的产品或内容。这种模式类似奈飞（Netflix）。而为了吸引消费者，使用这种模式的平台经常需要向其他平台支付费用来打广告。第二种方式是基于广告。采用这种方式来赢利的企业向其客户提供免费内容，但必须在其网站或应用程序上给那些希望通过宣传其产品或内容来赚钱的企业打广告，类似油管（YouTube）的模式。尽管儿童类色情在世界各国普遍遭到抵制，但比较糟糕的是，相关内容仍然可以获取。而青少年类色情并未引起人们的足够重视，一些青少年甚至出于成名、好奇、牟利等目的，主动投身其中，制作、传播、贩卖相关内容。此外，色情内容在制作过程中也会冲击正常的社会秩序，比如，采取偷拍方式。这不仅违背公序良俗，而且违法。对网络色情产业规模的估值，不同消息来源提供的数据差异很大，从十几亿美元到几百亿美元的说法都有。全球最大的成人视频网站，其月访问量据说甚至超越奈飞、雅虎（Yahoo），并收获了惊人的广告收入。2020 年年底，《纽约时报》刊登文章批评该平台上充斥着大量暴力、偷拍、种族主义等内容，对当事人造成了严重的伤害。一石激起千层浪，大量网民请愿抵制，一些商业合作伙伴见苗头不对，也纷纷解除合作。除了色情网站之外，互联网空间内还存在以色情为噱头指向一些非法链接的现象，比如，赌博类平台为了吸引关注，会发布一些带有色情性质的广告，或者直接在不良内容中嵌入广告。

站在网民个体的角度，网络时代人人皆可成为传播者。一些人出于需求刺激、猎奇、发泄等动机，不顾社会公德，在网络空间内生产、传播不良信息，造成了严重的社会负面影响。长久以来，部分人对于暴力和色情内容保持了相当的兴趣，这种兴趣与媒介内容生产之间的关系也非常复杂。到底是人们的兴趣让部分大众媒体呈现了更多的暴力、色情内容，还是部分大众媒体让人们沉迷于暴力、色情，很难有关于因果关系的定论。但可以肯定的是，大众媒体的内容呈现，受到受众选择的驱动。内容生产者为受众提供他们认为能引起受众关注的内容。假如受众不喜欢犯罪，暴力类型的电影，可能根本就不会有人去拍摄，而很多电影也正是以刺激火爆的战斗场面吸引观众的。从某种意义上来说，对暴力的迷恋可能只是人类好奇心的结果。社会中大多数人不是罪犯，也并不想去犯罪。在媒介暴力中，社会中神秘、未知的一面得以展现，既有的社会规则被打破，所以媒体中的犯罪内容成了窥视这种生活方式的一个窗口，或者一种宣泄情感的途径。现代心理学倾向于使用大五人格理论来描述人类的人格特质，分别为开放性（openness）、尽责性（conscientiousness）、外倾性（extraversion）、宜人性（agreeableness）和神经质性（neuroticism）。一些文献关注于受众人格与媒介内容接触的关系。例如，有研究依托经典的使用与满足理论，探索了人格与观看电视、电影的关系。研究发现，神经质性的部分维度与观看暴力媒体、观看真实犯罪和观看警察剧呈正相关；而宜人性的几个维度与喜欢暴力内容呈现负相关。[1] 需要严肃指出的是，满足受众需求并不都是合理的，必须受到法律和道德的约束。网络不良信息往往会放大人们的欲望，给人们带来不适当的刺激，引发很多负面的后果，尤其对青少年更容易产生消极影响，必须加以严格的控制和管理。

第二节　网络不良信息的分类

一、不良炒作类信息

炒作是一种营销形式，本身并不违法，但不良炒作会对社会产生危害，必须进行监管和治理。在一定程度上，互联网运营存在盲目推崇“流量为王”的错误思维。对于自媒体而言，高流量意味着高关注度，意味着高商业价值。很多内容制作者不顾社会公序良俗，只为博取眼球，频频博出位、编故事，其相关行为扰乱了社会秩序和风气，放大了舆情风险。他们制作的内容过度迎合受众，低俗、庸俗、媚俗。

作为不良信息的一种，炒作类信息尽管经常成为被整顿的对象，但长久以来其界定标准并不清晰。2021 年 12 月，中国网络视听节目服务协会发布了《网络短视频内容审核标准细则（2021）》，规定了网络短

---

〔1〕 KRCMAR M, KEAN L G. Uses and gratifications of media violence: personality correlates of viewing and liking violent genres[J]. Media Psychology, 2005, 7(4): 399-420.

视频内容审核的基本标准，涉及21大类共计100条。其中，涉及“炒作”的内容分别归于“（六）破坏社会稳定的内容”和“（十四）宣扬不良、消极颓废的人生观、世界观和价值观的内容”。

纵观网络上出现的“雷人雷事”，其由于话题性容易形成“爆点”，常使得普通人一夜之间成为网红。面对炒作类信息，一些传统媒体为迎合受众的喜好，也会不加识别地进行报道、评论，从而进一步扩大了炒作类信息的传播范围，导致一件小事变得全国皆知。网络炒作往往是有组织的行为，背后有炒作公司的身影，一般由网络推手发动，曝光人物或事件，引导舆论，引发网友关注，提升被炒作对象的知名度，甚至借此形成产业链。事实上，网络媒体间竞争激烈，为吸引流量，它们常将不良炒作类信息打造成传播热点。在对明星隐私和娱乐八卦的报道中，部分媒体，尤其是自媒体，肆意渲染情绪，无中生有地编造故事，部分行为已经构成侵犯当事人名誉权和隐私权。

随着短视频的兴起，编造故事进行套路炒作成了常见现象，更有甚者，利用突发公共事件进行炒作，借助负面、敏感事件来营销宣传。2021年7月，突如其来的特大暴雨袭击河南，造成了严重的财产和人员损失，一时牵动全国人民的心。但就在社会各界努力抗灾救灾的同时，有部分博主却利用人们对于灾区的关注在网络上恶意炒作，消费灾情热点，蹭灾情热度，以骗取关注，从中牟利。为了打击这一不良现象，抖音、快手平台分别发布了《抖音打击消费灾情、蹭灾情热度行为的公告》和《快手关于打击利用河南水灾恶意炒作的公告》，迅速重拳出击。

与炒作相伴的是在互联网语境中越来越偏重贬义的营销号现象。营销号通常是指在互联网平台主要以获取流量或者利益为目的，收集一些特定内容后加工特定信息，再进行推送的公众账号。它们往往表现为在标题、内容中，通过夸大事实、恶意造假、编造伪科学内容乃至搬运等手段骗取流量。营销号炮制的部分内容可以归入虚假新闻范畴，比如，网络空间常见的所谓“爽文”类新闻。再比如，有一段时间，微信上突然出现了大量标题、内容高度雷同的刷屏文章《疫情之下的X国：

店铺关门歇业，华人有家难回，X 国华商太难了》，不同文章的区别只在于国家名字不同而已。经调查，这些文章均由三家公司编造，相关责任人也因为其不法行为构成编造、故意传播虚假信息罪被追究刑事责任。此类文章渲染情绪，弄虚造假，误导公众。

二、诱导打赏类和不良行为类信息

从法律角度来看，青少年的主体是限制民事行为能力人。他们绝大多数没有收入，主要由家长提供经济支持。可就是这一群体中的部分人在网络上做不到理性消费，还出于炫耀、攀比、爱好等动机对网络主播进行打赏。因此，对新媒体平台上的一些主播和经纪机构欺骗、诱导、胁迫青少年充值消费的行为必须要严格规制，以避免因相关现象而引发负面社会效应。

2020 年年初，新型冠状病毒肺炎（以下简称“新冠肺炎”）疫情暴发，人们的活动受到限制，学生被要求接受在线教育。在这种背景下，电脑、手机与青少年的联系空前密切，与此同时，学校、家长监管孩子上网也遭遇了前所未有的困难，其中就包括网络打赏问题。尽管其他类型的媒体也具备打赏功能，如网络小说平台、微信公众号，但相关失范现象主要集中于网络直播打赏。网络直播的基本形式就是主播和观众互动。无论是对于主播还是对于其背后的签约公司，乃至直播平台，观众打赏都是一个重要的收入来源。一方面，网络支付技术的便捷性、隐蔽性造成很多青少年在家长不知情的情况下进行打赏。我们从一些案例中可以看到，打赏金额巨大。另一方面，网络直播的特殊模式更容易诱发打赏行为。在直播过程中，主播与粉丝可以实时互动。主播通过语言、表演，乃至一对一连麦、加好友、线下见面等方式明示或暗示粉丝打赏。直播间内可以显示各类粉丝榜单，主播还可以与其他主播 PK。在 PK 模式下，双方粉丝很容易被气氛调动起来，打赏消费。以抖音为例，诱导青少年打赏的形式包括明示或暗示、“引战”刺激、通过承诺诱导、诱导至其他平台进行付款消费等。鉴于严峻的形势，最高人民法院出台《关于依法妥善审理涉新冠肺炎疫情民事案件若干问题的指导意见（二）》，明确规定了限制民事行为能力人的打赏行为无效。这就意味着，限制民事行为能力人未经其监护人同意，通过网络付费游戏或者网络直播平台打赏等方式支出的与其年龄、智力不相适应的款项，监护人可以向平台申请退还。

此外，网络空间还存在能够引发青少年模仿的不安全行为和违反社会公德行为，以及诱导青少年养成不良嗜好的内容。青少年好奇心强，是非观念弱，容易冲动，在不良信息的影响下，容易行为失范。随着自媒体的兴起，各类内容生产者应该遵纪守法，维护社会公序良俗。拥有众多粉丝的大 V、主播属于社会公众人物，更应该规范自身的言行，在引导社会风气、树立正确价值观方面做出表率，而不是做出错误示范。鉴于这一情况，各大网络平台均明确禁止展现消极厌世、轻生情绪，自残、自虐，对青少年存在潜在危险的内容。一名中年妇女在其直播和发布的视频中表演了活吞金鱼、吞灯泡、生吃虫子等离奇行为，遂引起警方关注。网友怀疑其被人控制。随后警方公布的调查结果令人惊讶，疑似胁迫她的男子竟然是其儿子。母子二人为吸引流量自导自演了这出闹剧，之后两名当事人接受警方训诫并写下保证书。除了自残之外，一些主播以“大胃王”的噱头吸引观众。这些所谓的“大胃王”在镜头前大吃大喝，挑战常人难以承受的食量、酒量。部分“大胃王”之间还进行 PK，以打擂台的形式攀比谁吃得更多、喝得更多。而事实上，在大快朵颐的背后，很多主播健康受损，为吃更多食物进行催吐，还有部分主播通过镜头剪辑的方式造假。“大胃王”们的吃播行为不仅伤害他们的身体，还误导消费，大肆浪费食物，明显与崇尚节约、杜绝浪费的时代精神不符。

随着网络直播的兴起，还有少数主播直播危险驾驶行为，公然挑战交通安全法规。一名青年多次直播极限高空运动，且无安全防护措施，后在一次网络直播时不幸失手，从高楼坠落死亡。这种用生命换流量的行为绝不可取，而平台监管不力是导致悲剧发生的重要因素。网络空间还存在误导青少年养成不良生活习惯的内容，比如，直播间的吸烟行为。鉴于烟草对人类健康产生的巨大威胁和我国吸烟人口数量不断增长的局面，2019 年，卫健委等 8 部门颁发了《关于进一步加强青少年控烟工作的通知》。为了有效控烟，该通知一方面要求加大对违法烟草广告的打击力度，另一方面要求加强对影视作品中吸烟镜头的审查。目前，各短视频、直播平台都加强了对于吸烟镜头的管控。

三、伪科学与迷信类信息

伪科学与迷信类信息破坏了互联网的健康生态，会误导公众，必须加以治理。伪科学信息是科学信息的反面。有学者将其界定为将不实的或者未加证实的内容想当然地视为真实的存在而加以宣扬、传播甚至鼓吹，它涉及观点、思想、假定、知识、理论、方法、信仰、活动等。[1] 在网络空间中，伪科学内容经常表现为虽然披着科学的“外衣”，但其实内容荒诞、不合理，其中很大一部分以谣言的形式在网络空间内传播，并与非法牟利相关。卫生健康领域经常出现伪科学信息，其中，养生、保健品领域更是“重灾区”。举例来说，20 世纪 60 年代风靡我国 10 多个月的鸡血疗法就是一种典型的伪科学治疗方法。在新冠肺炎流行期间，典型的伪科学谣言就包括注射疫苗前吃饭喝水能避免不良反应、注射疫苗会致癌、双黄连口服液能防病毒等。在现代社会中，科学的强劲发展亟待公众同步提升科学素养。如今学科门类繁多，知识总量快速增长。公众一方面应该强化既有的知识存量，另一方面应该养成终身学习的习惯。如果公众缺乏科学素养，那么面对伪科学时就会缺乏判断力与抵抗力，在思想和行动上容易受到不良信息的影响，对个人、家庭和社会产生危害。除了科学素养的匮乏之外，对伪科学追捧的人也经常被贴上“反智主义”的标签。“反智主义”的生成机制非常复杂，其表现形式就是不尊重知识和知识权威，比如，在新冠肺炎流行期间无视防疫规定，自以为是，做出不佩戴口罩、不保持社交距离的行为。

与此同时，迷信信息在网络空间也不少见，而且经常和伪科学存在

---

〔1〕 陈劲松. 走出伪科学陷阱 [J]. 人民论坛，2020 (8)：30-32.

密切的联系。在《现代汉语词典》（第7版）中，“迷信”这个词被解释为：① 相信神灵鬼怪等超自然的东西存在；② 泛指盲目地信仰崇拜。[1] 在国家的大力整顿下，公然宣传封建、迷信的信息已不多见，其形式在互联网平台变得更加隐蔽，比如，星座、风水、算命信息一方面尝试与宗教联系在一起，另一方面打着科技的旗号来吸引受众，如“电脑算命”“基因算命”等。时下的青少年，尤其是部分女性青少年对星座非常痴迷，和星座相关的文化现象已经上升到亚文化的层面。这一现象需要引起文化部门、教育部门和家长群体的注意。

四、色情类信息

（一）色情的定义

色情类信息不仅污染网络生态，从个体层面还会误导青少年的认知，扭曲其态度和价值观，甚至诱导青少年从事越轨行为，必须坚决予以整治。和中文“淫秽、色情”相关的英文单词有 pornography、obscenity、prurience、erotica、decency、indecency。这些词经常被混同使用。在海外学术研究领域，讨论涉及性的不良内容时，最常见的学术名词是“色情”（pornography），部分研究会用“性表露材料”（sexually explicit material，SEM）。国外学者通过归纳文献，将色情视为性表露材料的一个子集，比如，将性表露材料关注的范围集中于情色、侮辱型色情与暴力型色情（erotica、degrading pornography and violent pornography）。三者都是基于内容而产生的定义。其中，情色指在性行为描写时露骨的、无侮辱人格的、无暴力的、双方同意的；侮辱型色情指的是在性方面过于露骨，并以一种认可这种堕落的方式贬低、侮辱和物化人们（通常是女性）；暴力型色情指的是露骨描述性和暴力，并认可性暴力的效用和规范，通常由男性针对女性。[2] 也有文献将色情和

---

[1] 中国社会科学院语言研究所词典编辑室．现代汉语词典［M］．7版．北京：商务印书馆，2016：897.

[2] FISHER W A, BARAK A. Internet pornography: a social psychological perspective on internet sexuality[J]. Journal of Sex Research, 2001, 38(4): 312-323.

性表露材料视为同一概念，指出两者完全可以互相替代使用。[1] 其实大部分文献都采纳了这种观点。为了行文方便，对于本书中涉及性的信息，笔者使用色情指代相关内容，在需要强调区别时会特别指出。

很长时间以来，社会公众普遍对于色情内容充满忧虑。进入大众媒体时代，人们倾向于认为，色情信息海量、容易渗透且难以杜绝，对色情内容的消费会对社会产生负面、消极的影响。学者们对色情问题持有长久的研究兴趣，并产生了大量的文献，为历史学、人类学、文学、社会学、医学和传播学提供了一个重要的研究领域。这些研究大多集中在色情文本、色情内容管制及色情效果等方面。

相对于色情问题，低俗内容虽然是时下文化产业治理的重点，但引起的关注度不足，人文科学领域对于“低俗”的概念界定也尚不明确。2009 年 1 月，7 部门组织开展了整治互联网低俗之风专项行动，所界定的整治范围包括软硬色情、侵犯他人隐私、宣传暴力、庸俗、违背社会公德等 13 种情况。这体现了政府层面对于“低俗”的操作化定义。但也有学者指出，通常意义上的“低俗”的内涵更为丰富，因此，对于“低俗”的认识应该具有相对观、时空观和结构观，即判断是否低俗，不同时代的判断标准不同，隶属不同阵营的精英和普通大众判断方式不同，同时也应该结合具体情景来判断。[2] 低俗问题非常复杂，又经常和青年亚文化现象如耽美文学联系在一起。其判断标准实际上应该结合当时的社会情景和普通公众的价值判断来考量。事实上，低俗内容具备社会危害性，且表现形式比较隐蔽，需要全社会的关注。从“扫黄打非”专项行动的成果来看，整治低俗内容已经成为时下的工作重点。

为了更加直观地呈现几个概念的区别和联系，笔者根据现有的相关法律法规的界定，描绘出相关概念的示意图（图 1-1）。当然，这些概念更多地被应用于法律层面和学理层面，对于普通大众而言，很难被清

---

〔1〕 OWENS E W, BEHUN R J, MANNING J C, et al. The impact of internet pornography on adolescents: a review of the research[J].Sexual Addiction & Compulsivity, 2012, 19(1-2): 99-122.

〔2〕 王媛．对电视节目“低俗”的再认识［J］．现代传播（中国传媒大学学报），2012，34（7）：167-168.

晰地理解。从图 1-1 中可以看到，淫秽内容、色情内容、夹杂淫秽色情内容这三者之间存在一定交集，色情内容、夹杂淫秽色情内容和低俗内容之间又存在一定的交集。通俗解释一下，如果把涉及色情的内容视为一种污染的话，从污染程度看，淫秽内容、色情内容、夹杂淫秽色情内容、低俗内容从重到轻。特别需要指出的是，淫秽内容和低俗内容之间不存在交集。低俗内容范畴很大，不一定涉及性，涉及性时更多地表现为“擦边球”现象，在描绘性行为或者宣扬色情时比较含蓄和隐蔽，往往不易被发现。所谓“擦边球”指的是内容处在违法违规边缘，在价值取向上挑战社会公序良俗，通常需要整顿清理。

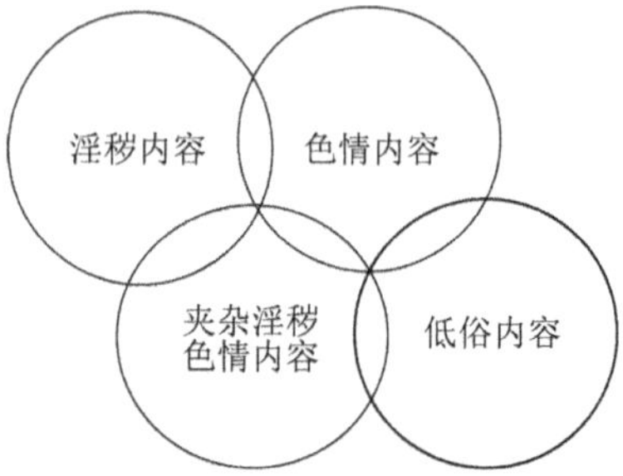

图 1-1 法律和学理层面的相关概念示意图

随着媒体，尤其是网络新媒体的蓬勃发展，公众日益遭到色情信息的侵扰。基于日常生活的体验，他们所理解的色情往往在概念层面就很模糊。日常口语中的“黄”“污”“色”的内涵更为宽泛（图 1-2），基本将淫秽色情包含其中。国家开展的一次又一次“扫黄打非”行动和相关专项行动，不断地提醒公众重视色情相关问题。

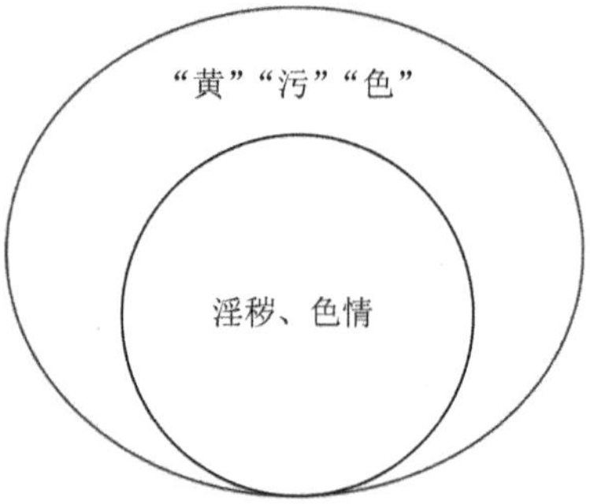

图 1-2 公众理解的相关概念示意图

（二）色情的表现形式

色情内容不仅表现性，部分内容还涉及暴力。而性与暴力的结合更让学者和公众产生忧虑。除我们常见的影视剧之外，一些游戏中也带有不健康的色情内容，这主要表现在：有些游戏本身即色情游戏，如《电车之狼》；还有些游戏为了吸引观众，在其中增加了很多色情元素；有些游戏同时兼有暴力和色情元素，如《杀手 5：赦免》。此外，直播间还存在着与色情相关的低俗 PK 现象。笔者综合社会现象与学术研究，发现有两类“擦边球”现象应引起传播学者的特别关注。

1. 黄色新闻

黄色新闻潮始于 19 世纪末的美国。所谓“黄色新闻”是指一种煽情新闻，在处理手法上，主要目的是刺激人们的感官，给人以强烈的视觉冲击，吸引人们的注意力，从而获得经济效益，而很少考虑新闻形式与内容的和谐。[1] 黄色新闻偏向色情、犯罪、暴力、战争、奇闻逸事等内容，并以夸张、煽情的方式进行报道，满足受众的猎奇心理和低俗的欲望，通常在标题中就有所反映。100 多年来，尽管媒体对于这一媒介失范现象进行了很多反思和整顿，但始终没有彻底解决这一“顽疾”。即便到了融媒体时代，一些媒体报道中仍然有黄色新闻的影子。需要指出的是，这里的“黄色”和我国特殊语境中的“黄色”有所不同，中文特殊语境下的“黄色”指的是色情，而前者指的是煽情新闻的一种表达形式，当然也包括性的煽情。

尽管我国的低俗化新闻潮和美国没有历史联系，但是其产生的社会影响、表现出来的形式有很多相似之处。近些年来，新闻报道呈现泛娱乐化的趋势，犯罪新闻也未能幸免。那些贩卖色情的桃色新闻虽然尚未达到我国司法中淫秽色情的判定标准，但仍然对社会产生不良影响，需要在媒介伦理层面进行反思，在制度层面加以规范。部分媒体违背新闻伦理道德，在报道犯罪新闻时，为吸引眼球大打桃色牌。当新闻中涉及女性贪腐官员时，部分报道便带有很强的性别歧视，强化其性别身份，往往在新闻标题中突出一个“女”字。即便是官方媒体，在这个方面也有失误。例如，有研究发现，《法治日报》微博的新闻叙事存在设置性别偏见议题和强调女性外貌形象的问题。一方面强调性别，矮化女性形象；另一方面突出女性年龄、体貌，关注其个人形象。[2]

少数犯罪新闻着力挖掘女性贪腐官员的婚外情、不正常权色交易等

〔1〕 陈力丹. 美国“黄色新闻”潮的中国启示［J］. 人民论坛，2010（24）：30-31.

〔2〕 李卉蕾，程德安. 从新闻叙事角度看女性犯罪报道的不足［J］. 青年记者，2019（9）：41-42.

话题，并绘声绘色地进行细节描写，对于法律元素反而淡化。这样的报道方式物化女性，误导受众，对女性形象进行歪曲和解读，难以产生正面、积极的社会影响。而当涉及男性贪腐官员时，很多新闻报道为迎合某些受众的不良趣味，也会连篇累牍地关注其生活作风，把报道重心放在“权色交易”和“以权谋色”上，甚至将道听途说的花边消息当作新闻事实，忽略了反腐新闻的严肃性，损害了当事人的名誉权和媒体机构的公信力。

相关事件暴露出媒体社会责任感的缺失。媒体在报道贪腐这样的严肃社会议题时，如果不把重心放在犯罪事实、社会危害、国家反腐的举措和决心上，而是为博取眼球去报道“黄色新闻”，就是非常不负责任的。

2. 软色情类广告

广告对应着背后需要推销的产品与服务。在商业消费文化的影响下，为了吸引眼球，一些广告经营者和广告主丧失底线，无视社会公序良俗，大打色情“擦边球”，让网络广告中弥漫着“污文化”。而广告使用色情元素，主要是为了吸引消费者的注意，使消费者能够联想到购买和使用相关品牌产品的所谓“效果”。广告中的色情诉求一度呈现流行的趋势。有研究通过内容分析法分析了美国的 6 本杂志，结果显示，从 1983 年到 2003 年，杂志图像中的性感服装和亲密接触整体上均有所增长。此外，与新闻周刊相比，男性杂志和女性杂志中的涉性内容更加明显和普遍。[1] 除了分析单一国家外，还有文献使用跨文化数据，使用内容分析法分析黄金时段电视广告中的人物裸露问题。这项研究整理了 13 个国家的数据，在编码时限定人物年龄为 18 周岁及以上。其结果表明，相比于男性，女性主要角色在广告中更多地以裸露身体的方式展现。[2]

---

〔1〕 REICHERT T, CARPENTER C. An update on sex in magazine advertising: 1983 to 2003[J]. Journalism & Mass Communication Quarterly, 2004, 81(4): 823-837.

〔2〕 MATTHES J, PRIELER M. Nudity of male and female characters in television advertising across 13 countries[J]. Journalism & Mass Communication Quarterly, 2020, 97(4): 1101-1122.

在很多文化中，女性往往被视为一种物品，被人评价和观看。随着女权主义的兴起，一些学者逐渐把目光转向社会文化中对女性身体的不平等对待方面。“性客体化”的概念被提出，其内涵指的是女性的身体、某些身体部位或性功能脱离了她本人，沦为纯粹的工具或被视为能够代表女性个体本身。大众媒体中，如广告就是性客体化展现的典型，部分媒体往往聚焦于女性的身体或者某些身体部位，忽略女性的个性，把女性视为被观赏的客体，男性则很少被性客体化。〔1〕客体化理论为“性客体化”概念提供了一个解释女性日常生活经验的框架。该理论认为，女性若处在性客体化环境中，则会自我客体化，以观察者的视角审视自己，导致自己习惯性地对外貌特征进行自我监视。糟糕的是，自我客体化会导致女性产生一系列负面心理问题，如抑郁、性功能障碍和进食障碍。〔2〕《中华人民共和国广告法》在总则中明确了广告的价值导向，其第三款规定：广告应当真实、合法，以健康的表现形式表达广告内容，符合社会主义精神文明建设和弘扬中华优秀传统文化的要求。那些低俗的软色情类广告很明显是违法违规的。

尽管国家三令五申，但打色情“擦边球”的广告仍然屡禁不止。海南椰风集团海马贡酒的广告频频触犯社会底线，另一家来自海南的企业椰树集团多年来也饱受低俗广告问题的争议，相关广告多次被停播。2019 年，椰树牌椰汁在新包装中因为延续了以往物化女性风格的图片和文案，被网友指责低俗和虚假宣传。2021 年，椰树集团开启了招新工作，其官方微博上发布的招聘内容和风格非常浮夸，广告大红大黄，字体加黑加黄，不恰当的文字内容为：“椰树集团培养正副总经理学校再招生！专业不限，只要懂写作。入学就有车、有房、有高薪，肯定有美女帅哥追。”这样的广告明显违背社会公序良俗，向社会传递了低俗

〔1〕孙青青，郑丽军，郑涌．性客体化与女性自我客体化［J］．心理科学进展，2013，21（10）：1794-1802.

〔2〕FREDRICKSON B L, ROBERTS T A. Objectification theory: toward understanding women's lived experiences and mental health risks[J]. Psychology of Women Quarterly, 1997, 21(2): 173-206.

的婚恋观念，并涉嫌虚假宣传。央视网批评这种行为靠低俗广告博眼球、搞营销，终究是饮鸩止渴，成不了气候。之后，海南市场监管局依法对其涉嫌发布违法广告的行为进行了行政处罚。2021 年，上海笑果文化传媒有限公司（以下简称“笑果文化”）旗下的脱口秀主持人李诞在其微博上发布了一条女性内衣广告，文案为“一个让女性轻松躺赢职场的装备”，其物化、歧视女性的倾向引发舆论争议。之后，上海市奉贤区市场监督管理局对笑果文化进行了行政处罚：罚款 20 余万元，没收广告费用并责令停止发布。处罚理由为妨碍社会公共秩序或者违背社会良好风尚。

五、媒介暴力类信息

媒介暴力类信息给青少年的健康成长带来了巨大的威胁。美国作为媒介发达国家，其学者和公众很早就意识到媒体中的暴力内容可能会对社会产生危害。1908 年，由于电影《密苏里的詹姆斯男孩》在内容上涉及暴力违法，芝加哥警察因而拒绝向公众提供放映许可。时至今日，暴力内容在节目中仍然常见。而传播学对于媒介暴力领域的研究兴趣也由来已久。早在 20 世纪二三十年代，由佩恩基金会主导的一些研究就已经通过科学的研究方法介入相关问题。在这个时期，由于电影的大规模流行，公众也在对电影业施加压力和影响。他们要求电影业对电影中出现的性与暴力内容做出反应。戴尔（Dale）进行过一项研究，通过内容分析法，一共分析了 1 500 部电影。数据结果显示大多数（超过 3/4）电影可以归类于涉及犯罪、性或者爱情的电影。赫伯特·布鲁默（Herbert Blumer）则是收集调查对象的自述，让他们回顾电影对自己过去生活所造成的影响。他的研究围绕电影如何影响被调查者儿童时代的游戏、如何影响他们对成年人行为的模仿等问题展开。尽管这种依靠自述资料的方式在今天看起来很不可靠，但布鲁默的研究仍然产生了巨大的影响。

此后，随着电视的普及，媒介暴力研究又掀起了新的热潮。关于“媒介暴力”，学界也存在非常多的定义。比如，涵化理论的提出者乔治·格伯纳将“媒介暴力”界定为公然表达对他人或自己实施暴力，或以伤害、死亡为威胁强迫采取违背自己意愿的行为。这个定义仅限于身体暴力。之后，不同学者不断丰富关于“媒介暴力”的定义，但最为常见的定义仍然指向身体暴力，也有些学者把通过语言等方式造成的可能精神伤害也视为媒介暴力。一般而言，当前的研究人员将媒介暴力定义为一个人或类人角色对另一个人的身体攻击行为的视觉描述。这个定义是随着有关媒介暴力影响理论的发展而演变的，试图描述一种暴力的媒介表现形式。这种形式最有可能让观众变得更加暴力。这种类型的媒介暴力不仅过去常见，在今天甚至更为普遍。

有国外学者强调，受众为暴力节目所淹没，而这些节目作为一个整体，呈现出一些非常清晰的累积性信息：其一，世界充斥暴力。娱乐节目中的暴力，加上新闻媒体对暴力事件的广泛报道，会影响个人对社会中暴力数量的看法。虽然大规模谋杀在统计上很罕见，但这些事件被媒体广泛报道，使得学生对校园暴力的看法产生了巨大影响。其二，暴力是解决问题的有效方法。青少年的世界被善恶二分法绝对化地定义。在这个世界上，直接行动去与“坏人”战斗是最好的方式。其三，为达到目的可以不择手段。在很多媒体的呈现中，道德问题不在于暴力是对是错，而在于是否合理。例如，复仇类型的电影中，主角为了恢复社会秩序，成了暴力行为的主要实施者。在这种背景的电影中，暴力是正当的，目的是证明手段。其四，这是一个没有后果的世界。在电影叙事中，动作英雄从不为他们对他人人身和财产造成的损害负责。其五，暴力与男性气质、力量和性能量相关。其六，暴力是有趣的。其七，人类的生命价值被漠视。在叙事过程中，暴力下的受害者就像棋子一样，被从棋盘上移除并被遗忘在故事的进程中。其八，一些人比另外一些人重要。一些配角经常在没有关注和同情的情况下被杀害。其九，暴力是无痛苦的。暴力行为永远不会伤害观众。其十，暴力是一种迷人的景象。杀戮和爆炸经常采用慢镜头从多个角度拍摄，导演的拍摄手法让爆炸变得更像是烟火表演。其十一，暴力令人欣慰。在一些媒体所呈现的场景中，主要信息是对暴力的颂扬。情节和人物仅仅提供了导致暴力高潮的背景和理由。[1]

对于媒介暴力的关注往往围绕着媒介角色展开。这些角色可以是人类也可以是非人类，可以是卡通的也可以是视觉上真实的。虚构的、非现实的或卡通的暴力如果符合上述定义，则仍然被认为是暴力。媒介暴力的表现形式非常丰富。学者们主要关注电子游戏、电视节目和电影中的相关问题。

在国内，暴力内容在各类媒体中同样非常普遍，在以儿童和青少年为主要受众的文艺作品中也不鲜见。2021 年，江苏省消费者权益保护委员会发布了《动画领域侵害未成年人成长安全消费调查报告》。通过这份报告，我们可以在一定程度上了解国内未成年人接触不良媒介内容的情况。项目组选取了 21 部市面上具有代表性的未成年人动画片（涉及启蒙、故事、亲子、校园、热血、科幻、搞笑、历史等多种题材），共发现 1 465 个问题点。这些问题点反映在用语、场景、剧情、动作和其他与社会主义核心价值观不符的引导性、暗示性元素五个方面，暴力问题尤其严重。用语方面，共有 687 个问题，包括使用渣男、草包、乡巴佬等粗俗用语。场景方面，共有 416 个问题，包括肢解、多人恐吓、阴暗、惊悚等不良画面。剧情方面，共有 176 个问题，包括强行植入广告、偷窃、抢劫等不良元素。动作方面，共有 128 个问题，包括抽烟、手持器械、磕头、纵火等暴力镜头。引导、暗示方面，共有 58 个问题，包括吊在门框上、翻高墙、爬管道等危险举动。此外，这些动画片还被发现存在大量阴暗黑化元素和危险模仿行为。该处的危险模仿行为指的是动画片中，角色人物做出的超过自身能力范围，容易给自身及其模仿者带来身体伤害的夸张性举动。

六、网络暴力类信息

网络空间时常存在一些充满暴戾之气的信息。一些网民枉顾社会公

〔1〕 SILVERBLATT A, MILLER D, SMITH J, et al. Media literacy: keys to interpreting media messages[M]. Santa Barbara: ABC-CLIO, LLC, 2014: 451-454.

德和公共秩序，发表带有攻击性、伤害性、歧视性的言论，恶意暴露他人隐私，造谣、诽谤，宣扬仇恨和极端思想，在网络空间化身“喷子”“键盘侠”“杠精”等网络“暴民”，混淆视听，一味地制造对立和冲突。关于“网络暴力”，学界目前尚无权威的定义。学者朱松岭、王颖将“网络暴力”定义为在网络上发表具有伤害性、侮辱性和煽动性的言论、图片、视频的行为，是为了骚扰、威胁或攻击另一个人，通过各式各样的媒体和社交平台，比如，社交网络、聊天室、博客、即时消息和短信等，发布或发送电子信息（包括文字、图片或视频）对他人造成伤害的行为。[1] 还有学者将“网络暴力”划分为两种类型，即针对特定个人的网络暴力与针对特定群体的网络暴力。针对特定个人的网络暴力对应着三种形式：第一种是个人或群体基于网络中传播的片面事实，自发地对特定个人进行道德审判；第二种是相关个人或群体出于宣泄情绪或利益需要，对特定个人进行攻击、谩骂；第三种是通过“人肉搜索”等途径获取个人信息，并未经当事人同意即向他人提供或者出售。针对特定群体的网络暴力，主要是指特定个人或者群体针对国家机关、社会群体实施的反复、持续的违法信息传播行为。[2] 近几年，一个新的网络热词“社会性死亡”开始出现。“社会性死亡”简称“社死”，一方面是指当众出丑，另一方面是指网络暴力导致的社交中断且名誉扫地的局面，这种情况又常常和“人肉搜索”相关。

刻板印象、偏见和歧视这三个心理学概念存在密切联系。金盛华认为：“都是对特定群体或其成员的倾向性态度，通常以消极的形式出现。三者与态度的认知、情感和行为倾向三种成分相对应，刻板印象偏重于认知、偏见偏重于情感，而歧视则偏重于行为倾向。”[3] 在网络空间，这三个概念常常与网络暴力相关。相比于其他两个，刻板印象获得了更

〔1〕 朱松岭，王颖．青少年网络暴力的治理路径初探［J］．中国青年社会科学，2020，39（3）：126-133.

〔2〕 敬力嘉，胡隽．网络暴力法律规制的完善路径［J］．中国人民公安大学学报（社会科学版），2021，37（5）：142-149.

〔3〕 金盛华．社会心理学［M］．北京：高等教育出版社，2017：147-148.

多的研究关注。自舆论学先驱沃尔特·李普曼（Walter Lippmann）于1922年提出“刻板印象”这一概念以来，不同背景的研究者，尤其是心理学的研究者对这一主题始终保持关注。“刻板印象”被定义为人们对某一特定社会群体所持有的包含感知、信念和期待的认知结构，这些信念在帮助个体快速有效地处理与目标群体成员有关的信息的同时，也会对该群体成员带来不公正待遇和消极影响。作为一个现代的心理学概念，“刻板印象”进入人们视野的时间不过100余年。但是，自古以来，人们对其他民族、种族、性别、职业及地域群体的特征存在固定看法的现象非常普遍。刻板印象具有一定的稳定性，持续时间甚至可达数年。社会和媒介环境在此期间都会对其产生影响，而这种影响通常在时间上是中长期的。偏见是指人们不以客观事实为依据而建立的对特定的人或事物的情感色彩持有的明显的倾向性态度。歧视是指不平地看待和对待某个特定对象，核心是将对象看得比自己低劣。

偏见和歧视可以指向地域、性别、民族、种族、户籍、身体缺陷等方面。网络空间里经常会出现关于地域、族群的偏见和歧视现象，尤其是一些社会突发事件往往会诱发相关问题，比如，新冠肺炎疫情暴发期间，不少无良媒体就将地域偏见和歧视与疫情话题结合起来，其行为令人不齿。

造成网络暴力表达的原因很复杂。首先，网民群体构成复杂。一些人借用网络空间发泄愤怒和不满，而青少年社会阅历不足，容易冲动，在表达时往往只注重情绪而忽视逻辑真相。其次，网络群体极化现象的出现。群体极化现象最早由美国学者詹姆斯·斯通纳（James A. F. Stoner）发现。凯斯·R. 桑斯坦（Gass R. Sunstein）指出，群体极化表现为最初的群体成员便带有一定的偏向，而在群体讨论过后，群体会逐渐朝偏向的观点持续靠拢，最终形成极端的观点。在网络空间，人们的观点、意见容易极端化、非理性化，从而出现网络群体极化的现象，引发网络暴力。最后，人们在网络中容易陷入“信息茧房”。由于算法等因素，人们偏向接受与自己观念、兴趣相契合的信息，从而阻碍了个人对世界更为全面的认知，导致自身遇到网络议题容易偏激。

七、炫富拜金类信息

市场经济给人们的价值观念带来了巨大冲击，造成全球范围内消费主义的盛行。在生活中，巧妙设计的广告无处不在，并不仅仅存在于媒体中。广告在心理上不断刺激着人们的消费欲望，广泛地诱导、制约着人们的日常行为。网络空间内弥漫的奢靡炫富之风，在社交媒体中表现尤甚。这些信息冲击着良性社会文化，必须加以规制。人们经常可以看到朋友圈里的人秀优越条件、秀幸福，尽可能地展现出他们生活中美好的一面，如发布豪车、名表、美食、环球旅行等内容。在各类直播、短视频平台中，一些 UP 主和主播也会制作一些体现奢侈生活的炫富内容，既满足了人们的猎奇心理，也收获了众多拥趸。还有少数不法分子在网络上精心包装自己的形象，进行各种诈骗活动。有学者指出，网络炫富族反映了自身的精神空虚、身份焦虑和价值迷茫，折射出社会现实生活中的拜金主义、个人主义和消费主义思潮，带来的负面效果是非常明显的。[1]

近几年来，国家加大了对于炫富、炒作内容的打击力度，众多平台亦进行了整顿。以抖音为例，2021 年 2 月，抖音一次性封禁处罚了相关账号 3 973 个，涉及的刻意炫富的类型包括

> ① 宣扬拜金主义、攀比享乐、幻想暴富内容等生活方式和不良价值观的内容；
>
> ② 不正当展示自身优越条件、社会地位，存在对非富群体进行歧视、嘲讽或攻击等行为的内容；
>
> ③ 涉未成年人发布大量奢侈品信息，以及其他非理性炫富行为、语言的内容；
>
> ④ 以“白富美”“高富帅”“白手起家逆袭成精英”“回国留学生”等人设进行营销、社交或诈骗的内容；

---

〔1〕 蒋建国. 网络炫富：精神贫困与价值迷失［J］. 现代传播（中国传媒大学学报），2013，35（2）：15-19.

⑤ 不正当使用人民币等货币，故意展示大量现金、撒钱等方式的内容；

⑥ 制作、销售炫富类视频、图片、文案等内容。[1]

2020年，“凡尔赛文学”突然流行，成为新的网络流行梗，并入选《咬文嚼字》编辑部发布的2020年度十大流行语，引发了众多网友的调侃和嘲讽。“凡尔赛文学”简称“凡学”，最早发源于一本日本漫画，之后国内网络主播进行了各种创作。这种文体讲究先抑后扬、明贬暗褒、自问自答，在不经意间炫耀自己想要炫耀的东西。例如，“不好意思，最近我才知道鸡蛋是有壳的，我之前都是吃管家剥好的”。“凡尔赛文学”本质上是一种对炫富现象的调侃方式，反映了青少年对于特定议题的文化表达。有观点认为，网民嘲讽“凡尔赛文学”的背后蕴藏了对精英阶层的一种抵抗。但从另一个角度看，之所以这个梗如此流行，也反映了晒朋友圈、秀恩爱、秀优越条件现象的普遍。

消费主义给青少年带来了很多负面影响。年轻一代成长于物质充裕和社会高速发展的环境之下，普遍追求个性化和生活品质，勇于消费甚至不顾自身条件超前、透支消费，而互联网又为消费提供了极大便利。近些年来，很多儿童、青少年为玩游戏充值，打赏网络主播，在家长不知情的情况下大手大脚花钱。这种现象非常普遍。在《资本论》中，马克思借鉴“拜物教”概念，详尽地论述了商品拜物教、货币拜物教和资本拜物教。马克思之后，鲍德里亚（Jean Baudrillard）提出了“消费社会”的概念。在现代社会中，物质极大丰富，消费取代生成的地位，人们追求物的符号价值而不是使用价值。社会上弥漫着消费主义的气息。消费主义崇尚个人消费，鼓励享乐主义和利己主义，大众传媒又为这一理念推波助澜。社会心理学家则是借用物质主义来测量人们的拜金水平。物质主义，又称为“物欲中心主义”“物质倾向”。在概念上，不同学者采用的定义各不相同。心理学目前主要采用美国的消费者行为

[1] 抖音发布治理处罚公告，打击刻意炫富等不良内容[EB/OL].(2021-03-01)[2022-07-04].https://m.gmw.cn/baijia/2021-03/01/34651384.html.

学家瑞金斯（Richins）和学者达沃森（Dawson）的定义，将其视为一种强调物质财物的个人价值观。[1] 大众媒体在很大程度上促进了公众物质主义水平的上升。作为社会生物，人们在社会化过程中不可避免地与他人比较。社会比较又会刺激物质主义，影响人们对于物质的态度。

八、历史虚无主义信息

历史虚无主义是以唯心史观为理论基础来歪曲历史、否定历史发展本质和规律的一种社会思潮。[2] 2021 年 2 月 20 日，习近平总书记就曾在党史学习教育动员大会上强调："要旗帜鲜明反对历史虚无主义。"[3] 历史虚无主义混淆视听，扰乱意识形态，歪曲人们的信仰。历史虚无主义表现方式多样，且在形式上较为隐蔽。全社会都应重视历史虚无主义，并在网络空间内推进对历史虚无主义的综合治理。

在网络空间，一些别有用心的人诋毁历史，诋毁先烈，诋毁英雄人物。网络空间的匿名性为历史虚无主义内容的传播与扩散带来了很多便利。一方面，新媒体、自媒体平台传播主体多元化，传播者炮制虚假信息非常便利，而追溯信息源头则相对困难；另一方面，信息传递可在网络中呈现几何级扩散，在短时间内产生巨大的社会影响，但澄清失实信息并不容易。中共中央网络安全和信息化委员会办公室（以下简称"中央网信办"）在违法和不良信息举报中心平台中开辟了"涉历史虚无主义有害信息举报专区"，受理内容包括四种：第一，歪曲党史、新中国史、改革开放史、社会主义发展史的；第二，攻击党的领导、指导思想、方针政策的；第三，诋毁英雄烈士的；第四，否定中华优秀传统文化、革命文化、社会主义先进文化的。历史虚无主义具有很大的渗透性、隐蔽性和蛊惑性，借助网络空间的传播，破坏力巨大。李辉源、李

[1] RICHINS M L, DAWSON S. A consumer values orientation for materialism and its measurement: scale development and validation[J]. Journal of Consumer Research, 1992, 19(3): 303-316.

[2] 马建军，周玉. 论历史虚无主义的虚假本质：基于唯物史观的批判 [J]. 理论导刊，2022 (1)：52-58.

[3] 习近平在党史学习教育动员大会上强调 学党史悟思想办实事开新局 以优异成绩迎接建党一百周年 [N]. 人民日报，2021-02-21 (01).

云雀、张俊指出，网络历史虚无主义的危害主要有三个方面：一是动摇社会主义制度的思想基础；二是弱化唯物史观的指导地位，消解中国传统文化；三是扰乱思想，破坏社会主义核心价值观。[1]

青少年正处于形成正确理想信念和人生观、价值观的关键时期，由于知识阅历不足，辨别是非能力较弱，有的甚至缺乏正确引导，因而容易受到社会不良思潮的影响。一些青少年的文化观念错乱，国家、民族信仰缺失。他们对于历史问题不能正确看待，于是表现为不能识别有害信息和在网络平台上发表不当言论，甚至发生在烈士雕像前以不文明方式拍照、诋毁烈士的行为，实在令人痛心。鉴于保护英烈的重要意义，相关立法工作在近几年取得了重大进展。2017 年 3 月，《中华人民共和国民法总则》第一百八十五条明确规定，侵害英雄烈士等的姓名、肖像、名誉、荣誉，损害社会公共利益的，应当承担民事责任。2018 年 4 月，《中华人民共和国英雄烈士保护法》出台。此后，《中华人民共和国刑法修正案（十一）》又增设了侵害英雄烈士名誉、荣誉罪。

九、不良“饭圈”信息

20 世纪八九十年代，“追星族”一词随着现代娱乐工业落户大陆地区，此后，在媒体飞速发展的背景下，“粉丝”现象出现了，近几年又演化成所谓“饭圈”文化。“饭圈”是人们对粉丝群体组织化后的称呼。这个组织等级森严，群体内部有着特殊的话语体系。学者孟威认为，和之前相比，“饭圈”有三个新特征：首先，群体联系更加紧密，追星不再孤立，而是出现了所谓“明星后援会”；其次，成员身份更具行为标识性，即共同出资、打榜与反黑；最后，圈群活动自主性增强，追星与造星渐趋融合。[2] 资本是“饭圈”文化流行的重要推手。偶像吸金能力强大，出于巨大利益，资本通过砸钱、买热搜等方式，完全可以在短时间内把一个并无过人之处的普通人打造成一个耀眼明星。近些

---

〔1〕 李辉源，李云雀，张俊．祛除网络历史虚无主义［J］．社会科学家，2021（5）：32-37.

〔2〕 孟威．“饭圈”文化的成长与省思［J］．人民论坛·学术前沿，2020（19）：52-59，97.

年来，“饭圈”常常表现为无序生长，产生了诸多乱象，并成为互联网治理的重点区域。

“饭圈”以什么形式存在呢？据《法治日报》记者的描述，一方面，粉丝想入圈并不容易，因为入圈标准严格且关卡众多。另一方面，“饭圈”组织架构清晰、分工明确，内部有完善的等级规则，上下阶层分明。核心粉丝掌握话语权，个别普通粉丝发表不同意见时就会遭遇围攻。当偶像遭遇负面信息时，“饭圈”就会组织粉丝进行反击。此外，不同“饭圈”之间会制造对立，进行大规模骂战，并逐渐演化成网络暴力。

2019 年 12 月，北京互联网法院发布了《“粉丝文化”与青少年网络言论失范问题研究报告》。报告统计了 2019 年 1 月 1 日至 2019 年 11 月 30 日的相关案件情况，结果显示以青少年为涉嫌侵权主体（即案件被告）的网络侵害名誉权行为，集中出现于从事演艺工作的公众人物名誉权侵权案件中。此类案件占全部网络侵害名誉权纠纷的 11.63%。原告与被告在年龄、职业上具有明显特点，作为被告的青少年大部分为在校学生，年龄在 30 岁及以下的占 70%。在“粉丝文化”影响下，青少年网络言论失范行为呈现较为显著的特点，比如，实施网络侵害名誉权行为时粉丝心态明显，侵权中多使用“饭圈”网络语言，逃避诉讼特征显著，法律意识淡薄且存在侥幸心理，等等。作为一种青年亚文化形态，“饭圈”文化通常是非理性的。围绕着“饭圈”产生的不良信息和相关后果对青少年危害巨大，必须加以整治。

（一）“饭圈”对青少年的负面影响

1. 扰乱社会和传播秩序

不同“饭圈”常常爆发冲突，在网络上表现为互相谩骂、造谣攻击、“人肉搜索”、侵犯隐私等行为，严重破坏了网络生态。为了偶像能够红，粉丝群体还会通过不正当手段影响网络口碑和各类排行榜，进行数据造假。“饭圈”乱象还表现为通过“蹭热点”、制造话题等形式干扰舆论，发布不当言论，影响传播秩序。在各类乱象的背后，资本和网络平台等都应负有责任。

2. 加剧经济负担，养成错误消费观念

不为偶像花钱的粉丝在圈里易受到歧视。“饭圈”会诱导、鼓励非理性消费，而花钱的方式包括购买代言商品、为偶像应援集资、投票打榜等。“饭圈”内的粉丝之间也经常攀比炫富，炫耀奢靡享乐的生活方式。在综艺节目《青春有你 3》设置的互动环节中，粉丝可以通过扫描饮料瓶瓶盖的二维码为偶像助力。为此，有一些粉丝竟然大批量购买牛奶，雇人扫描完二维码后再把牛奶倒在沟里。显而易见，“饭圈”文化会影响青少年的消费观，相应产生的非理性花销又会加剧家长的经济负担。

3. 传播畸形价值观念和审美观念

对娱乐明星的过度崇拜，导致青少年的价值观出现偏差。艺人形象同主流价值观相违背时，大量粉丝竟然是非不分，进行对抗。资本造星的能力，使得没有经过专业训练的普通人迅速成为流量明星，而与明星相伴的往往是奢靡的生活方式。这类现象冲击了青少年的职业观念和学习观念，容易使青少年养成走所谓捷径，乃至不劳而获的思维方式。

（二）整治“饭圈”，引导青少年追星的政策建议

1. 网络空间加强治理

互联网管理部门需要开展日常执法和专项行动，对“饭圈”保持整治高压态势：一方面，监管约束资本，防止资本过度干预文化市场，对文化活动加强管控；另一方面，夯实平台责任，“饭圈”的主阵地在互联网，应当围绕明星榜单、热门话题、粉丝社群、互动评论等重点环节进行整治，防止平台为了商业利益而成为乱象滋生的“温床”。2021年6月15日，中央网信办启动“清朗·‘饭圈’乱象整治”专项行动，对网络追星文化进行了整顿。该专项行动重点打击5种乱象，有效地治理了网络生态。此外，明星和“饭圈”团体的核心粉丝都可被视为“意见领袖”。有关部门有必要对其进行约束和教育指导，倡导科学、理性追星。

2. 媒体大力弘扬主流价值观

“饭圈”问题的根本在于青少年价值观的迷失。一方面，媒体要充

分发挥正向引导作用，用适合青少年的方式进行传播，大力宣传，让革命先烈、科研标兵等优秀人物走入青少年的内心，通过模范事迹传递主流价值观。另一方面，媒体要注重对信息技术的应用。技术为青少年价值观的培养带来了新的可能，需要妥善使用。大数据和人工智能技术的应用，不仅能够阻断不良内容，还能够面向青少年提供个性化的优质内容，给他们的文化生活带来正能量。

3. 教育机构、文化机构加强理想信念教育

有关部门要充分利用各类青少年教育载体，重视学校教育的立德树人使命，倡导青少年理性追星，大力弘扬中华优秀传统文化、革命文化、社会主义先进文化。重视图书馆、博物馆、青少年活动中心等文化机构的作用，综合利用各种教育形式，借助课堂、网络、各种类型的讲座和参观活动，将理想信念传承下去。教育工作不仅可以直接作用于青少年，还能够通过家长施加间接影响。

十、其他违背主流价值观的信息

不良信息内涵丰富、类型多样，我们难以将其穷尽列举。随着媒体的不断发展，网络生活和网络文化愈加丰富。网民在数量快速增加的同时，创造力也得到不断增强，于是各种网络新现象层出不穷，内含新内容、新形式的不良信息不断出现，还有一些信息可以说是老问题的新表象。无论是什么样的信息，只要其内容背离主流价值观，对社会产生负面效果，影响青少年的身心健康，即是不良信息。各种类型的不良信息，容易使得青少年丧失理性，盲目认同错误价值观，造成青少年人生观、价值观混乱，因此，我们必须要严肃对待，有效治理。

（一）畸形审美信息

随着国家经济文化的快速发展，社会审美也在悄然发生变化。不少青少年受不良现象的误导，养成男性女性化的畸形审美观。“娘炮”是时下的网络热词，目前学术界对其并没有下统一的定义。有学者指出：“‘娘炮儿’按照字面意思即为在女性行为举止等方面较有经验的人，网络上‘娘炮儿’多用于描述在外貌、性格、行为、语言等方面表现

出女性气质的青年男性，带有明显的贬损语义色彩。”[1] 在互联网空间中，一些男性人物“雌雄难辨”，其外表、举止、言行不具有典型的男性特征，给青少年带来了很坏的示范效应。“耽美”涉及禁忌之爱，多指男性尤其是男孩之间的爱情故事，有时也包括女孩之间的同性爱情。[2] 在我国青少年群体中，以男男同性之恋作为主要题材的“腐文化”“耽美文化”在近些年来非常流行。青年亚文化赋予了“男同”这一禁忌话题以新的形式，也为女性化审美提供了一个思想根源。这类作品扭曲性别观念，传递错误价值观，给青少年造成不良影响。需要警惕的是，近几年，“耽改”电视剧扎堆出现，“腐文化”呈现出圈的趋势，也即“从小众走向大众”，迫切需要管理部门做好监管工作。审美本无对错，但当下对女性化审美的批评，在根本上是批评在资本绑架之下畸形、病态的审美现象。毕竟审美标准会影响整个社会风气，涉及青少年的日常言行和三观培养。值得欣慰的是，不健康的女性化审美现象已经引起国家相关管理部门的警惕。2021 年 9 月，《国家广播电视总局办公厅关于进一步加强文艺节目及其人员管理的通知》发布。该通知明确要求：“坚定文化自信，大力弘扬中华优秀传统文化、革命文化、社会主义先进文化。树立节目正确审美导向，严格把握演员和嘉宾选用、表演风格、服饰妆容等，坚决杜绝‘娘炮’等畸形审美。”[3] 随后，中宣部等部门约谈国内重点网络游戏企业，以及游戏账号租售平台、游戏直播平台，明确提出坚决抵制拜金主义、“娘炮”“耽美”等不良文化。

（二）“审丑”信息

自媒体空间中还存在着一种“审丑”现象。在直播、短视频平台中，部分主播身着奇装异服，打扮怪异，举止行为奇怪，故意丑化、矮化自己以博取观众的关注。但出乎意料的是，“审丑”文化在互联网空

---

〔1〕辛晔，史昱锋．“娘炮儿”真的“娘”吗?：消费社会下对青年男性气质的再审视［J］．中国青年研究，2019（2）：102-105.

〔2〕郑海婷．网络耽美小说的美学语法：兼与毛尖教授商榷［J］．中共福建省委党校学报，2017（9）：115-120.

〔3〕国家广播电视总局办公厅关于进一步加强文艺节目及其人员管理的通知［Z］．广电办发〔2021〕267 号.

间很有市场。不少主播凭借不修边幅、疯疯癫癫的行为举止，比如，闻臭脚丫和臭袜子、无缘无故惊声尖叫等，博取眼球、吸引流量。令人惊讶的是，这些主播居然能收获海量拥趸，其短视频平台的粉丝数竟高达百万。“审丑”现象出现的直接动机是流量，深层次原因却是社会的泛娱乐化。大众“审丑”文化实际是“审丑”异化的集体无意识呈现。“审丑”异化“解构和消解了人们对于美的正确认知、合理判断和正当诉求，造成了广大社会民众审美旨趣上的迷失、审美标准上的错乱和审美价值上的恐慌”[1]。长此以往，“审丑”文化势必会影响青少年的审美，破坏网络生态，因此，必须加以整治。笔者认为，可从以下两个方面进行整治：一方面处罚主播，对相关不良信息进行清理；另一方面加强价值引导，提倡高品质的娱乐文化，强化青少年群体对于主流文化的认同。

十一、因为内容生产而导致的传播失范现象

我们除了要探讨网络不良信息是否合法合规之外，还要关注网络不良信息在内容生产、传播过程中的失范现象。这种失范现象被称为内容生产过程中的“次生伤害”。随着网络直播、短视频的兴起，大量主播为蹭流量“无所不用其极”，不仅围绕名人大做文章，还严重影响了公共秩序和他人权益。其中，骚扰名人，侵犯他人的肖像权、隐私权的现象近些年在自媒体上经常出现。

山东农民朱之文因参加央视节目而为全国观众所知晓，被网友亲切地称为“大衣哥”。“大衣哥”出名后不改本色，仍然住在农村老家，平静的生活却因媒体的发展而被打破。每天几十至上百人围绕着他家直播。各种骚扰让一家人不胜其烦。在短视频时代，十几秒时间，就能够让一个人“出名”。因为一碗拉面才卖三块钱，并且坚持十五年不涨价，山东临沂费县的一位卖拉面的农村大哥突然在各大网络平台走红，

[1] 韩升，赵玉枝. 当前大众文化审丑异化的批判性解读 [J]. 中央社会主义学院学报，2017 (1)：100-104.

被网友亲切地称为“拉面哥”。成为网红明星之后，“拉面哥”平静的生活迅速被打破。他的摊位周围被大批主播和短视频制作者包围得水泄不通，进村的路也一度被堵到瘫痪。为了流量，一些主播违背伦理道德，各种言行“出位”，装疯卖傻。而只要有话题性、有流量，就连奥运冠军家也未能幸免。东京奥运会上，十四岁的跳水选手全红婵一炮而红，以近乎完美的表现为国家赢得了一块宝贵的金牌。夺冠之后，全红婵所在的广东农村老家迅速成为网红打卡地。一大批无良主播以近乎骚扰的方式拍视频、开直播。全红婵的家人不堪其扰，不得不求助警察来维持秩序。庆幸的是，对于借助奥运健儿的影响、蹭奥运健儿热度的违规内容，抖音安全中心进行了下架和不推荐处理，并对相关账号进行了处罚。

第三节　不良信息的传播渠道探析

不良信息在网络空间的传播渠道是非常多元化的。互联网的匿名性、开放性和互动性等特性，不仅给网民自由表达、创作和互动提供了便利，而且让生产和传播违法、不良信息的不法分子“搭了便车”。楼伯坤和王静在《网络传播有害信息刑法规制初探》中将网络不良信息的传播渠道归纳为 6 种：① 通过论坛、贴吧、博客、微博等公共平台传播；② 以各类网上聊天工具为载体，发送有害信息网址或传播有害信息；③ 通过发送邮件，链接各类违法有害信息；④ 以病毒形式；⑤ 用FTP 等工具将有害信息上传至服务器；⑥ 向终端用户发送或提供有害信息或其链接。[1] 这篇论文发表于 2014 年，在之后的七八年时间里，互联网的媒介业态和生态发生了翻天覆地的变化。一方面，不良信息的以上 6 种传播渠道仍然存在；另一方面，不良信息的传播方式又有了非常大的变化。结合国家近几年网络治理的重点，笔者梳理出当下

---

〔1〕 楼伯坤，王静. 网络传播有害信息刑法规制初探［J］. 广东行政学院学报，2014，26（6）：66-71.

网络空间内不良信息传播的主要渠道。

一、视频网站

视频网站是人们日常生活中的重要娱乐媒体。国内目前最有代表性的平台有腾讯、爱奇艺和优酷，芒果 TV 和哔哩哔哩近些年来也发展得非常迅速。而笔者经调查发现，最受青少年青睐的视频平台是青少年口中常说的“A 站”和“B 站”，也即 AcFun 弹幕视频网和哔哩哔哩。这两个都是深受青少年喜爱的网络文化社区，而相比之下，后者影响更大。B 站定位的核心用户是出生于 1985—2009 年的青少年，他们规模庞大且活跃度普遍高。而且，用户不仅是观看者，他们中的很大一部分兼具内容生产者的身份，创作了海量的内容。在用户的努力下，B 站迅速发展成青少年亚文化高度聚集社区，不断有新型文化在此诞生。这里是弹幕文化的主阵地，用户可以一边观看视频和直播，一边发表弹幕，内容涉及剧透、点评和讨论等。近些年来，B 站不断“破圈”，从最初的“二次元”小众化平台迅速跃升为主流视频平台。随着 B 站在青少年群体中的走红，各大官方账号开始纷纷入驻 B 站，比如，共青团中央、广东团委、浙江团委等，除此之外，还有《人民日报》、央视网、新华社等官方媒体。

视频网站往往基于 UGC 模式或者部分基于 UGC 模式，也就是说，视频网站的内容生产在很大程度上依赖用户。毫无疑问，这种模式会带来内容质量的风险问题，相关平台也多次治理整顿。以 B 站为例，该平台曾经出现的违规问题就包括发布违规广告，游戏角色形象暴露，内容庸俗、低俗，等等。而需要注意的是，很多不良信息和青少年亚文化现象交织在一起，比如，“鬼畜”视频、“耽美”文化、土味文化等。与亚文化相关的违规内容的多样性、隐蔽性，以及判定标准的模糊性，均给治理工作带来了很大的挑战。

二、微博

在国内，微博诞生于 2009 年。除了新浪外，其他企业也曾纷纷试水。但经过市场的“大浪淘沙”，新浪微博坐上了国内市场的头把交椅，一家独大，至今仍然是最有影响力的“两微一抖”媒体之一。因此，我们今天谈到国内微博时基本就是指新浪微博。微博内容简短、形式多样、互动性强，在传播主体多元化的基础上，可形成众多“意见领袖”，在短时间内形成病毒式传播。伴随着新浪用户规模成长的是不断滋生的各类问题。从管理部门到社会各界，对微博内容失范的忧虑主要集中于谣言和舆情问题。一方面，在微博上，人人都是传播者，信息难以被有效地甄别、审核，这就导致虚假内容层出不穷。另一方面，很多的普通议题都有可能被推上风口浪尖，触动“引爆点”，成为舆论事件。且微博空间内发表的言论有时是非理性的，易导致公众情绪极端化，使其忽视事实而陷入集体狂欢，从而扰乱社会秩序。此外，微博的传播特征催生了很多“大V”，即传播学意义上的“意见领袖”。这些“大V”一部分原本就是社会公众人物，也有一部分是由草根转成的网红。网络“大V”拥有众多粉丝。和一般网民相比，他们在社交网络中表现活跃，接触媒体频繁，在舆论的形成过程中发挥了重要作用，可以深度地引导、影响网络空间中的话题和言论。不可否认的是，部分“大V”在微博上能起到正面作用，但同时部分“大V”的言论则明显跨越了言论自由的边界，表现为在微博平台造谣、炒作，发布虚假广告，传播低俗信息等违法违规行为，甚至还产生了黑色产业链。微博在传播方式上具备互动性，其信息传递存在一对多、多对一、多对多等形式。“大V”的不当言论借助微博的裂变式传播方式，可以迅速影响舆论走向。

针对微博社区的乱象，政府、网络运营商开展了长期、持续的治理工作，使得微博的发展不断走向规范化。根据新浪发布的《2018年度微博社区治理报告》，在2018年微博处置的各类信息中，垃圾营销信息占比最高，达95.53%，数量上达147亿条。除此之外，微博还处置了涉黄低俗信息2.09亿条、违法有害信息4.76亿条。为了进行有效治理，微博采取主动巡查、用户投诉和人工智能识别等手段进行专项整治工作，并面向社会广泛招募社区监督员。

三、微信

2011 年，为顺应移动互联网的发展趋势，微信横空出世。经过十余年的发展，微信已经成为一个“超级应用”，它集多项功能于一身。微信朋友圈、微信群、公众号成为当前广大网民获取信息的重要渠道。

微信朋友圈是一项重要的社交功能。用户可以通过朋友圈发布文字、图片、视频，同时也可以将转载文章、音乐等内容进行分享，好友则可以对用户发布的内容进行点赞、评论和转发。微信群基于血缘、地缘、业缘、趣缘等而建立。人们可以在微信群内进行信息的分享和交流。微信公众号按照运营主体的性质可以划分为政务类、媒体类和商业类等。微信公众号平台不仅吸引了包括媒体在内的各类机构入驻，而且成为当下最有活力的自媒体形式之一。

各类信息在微信中可以实现裂变式的传播，产生巨大的社会影响，更有甚者还会左右舆情的发展方向。然而，很多微信用户热衷于发布、分享事件，对信息真实性却并不在意，因此，面对突发的公共事件时，别有用心之人捏造的谣言总能在微信中快速传播，破坏社会秩序的稳定。为了流量，自媒体时常发布含有虚假内容和挑战主流价值的所谓“爆款文章”。2018 年 5 月，一名空姐在郑州打车遇害，引发社会的高度关注。随后，微信公众号“二更食堂”发表了一篇题目为“托你们的福，那个杀害空姐的司机，正躺在家数钱”的文章，对案件过程进行了非常低俗、不实的描写，被舆论批评为“吃人血馒头”，遭到了多名网友举报。面对公众持续的指责，该公众号创始人丁丰宣布永久关停账号。暴露出传播失范问题的自媒体账号并非仅有此一家，需要我们，尤其是青少年“擦亮眼睛”，进行正确识别。

四、网络直播和短视频

受益于游戏市场和电子竞技的火爆，2014 年，国内的网络直播行业正式崛起。经过激烈的市场竞争与角逐，目前比较有代表性的平台包括斗鱼直播、虎牙直播、YY 直播等。网络直播在内容上主要集中于娱乐领域，以游戏类直播、演艺类直播和生活秀类直播为主。但总体来看，伴随直播行业成长的是一系列乱象，与之相伴的法律风险主要体现在三个方面：其一，传播淫秽色情、低俗、暴力、赌博内容的风险；其二，侵犯他人肖像权和隐私权的风险；其三，知识产权风险。〔1〕除了立法规制之外，专项整治行动也是我国政府经常使用的治理工具。例如，2020 年 6 月 5 日，国家网信办、全国“扫黄打非”办等 8 个部门启动了为期半年的网络直播行业专项整治和规范管理行动，对违法违规直播平台进行处置，督促平台清理有害账号和不良信息，并封禁了一批涉嫌违法违规的主播。

2016 年前后，短视频异军突起。在国内，抖音、快手成为这一类型媒体的代表；在海外，抖音海外版 TikTok 风靡全世界，成为中国互联网企业“出海”成功的典型案例。在传播特征上，短视频，顾名思义，时长较短，内容丰富，具备良好的互动性，符合移动用户碎片化的使用习惯，迎合了当下快节奏的生活方式。在“全民皆网红”的背景下，海量短视频创作者涌现，各平台积极寻求差异，短视频市场迅速步入成熟期，并开始朝精细化、垂直化方向迈进。如今，越来越多的互联网应用具备短视频和网络直播功能。而对于短视频平台来说，直播也是其中的一项重要业务，直播卖货更是成为一种新的业务形态，极大地改变了市场的销售格局。

短视频行业暴露出的各种乱象与网络直播行业的乱象几乎没有差别，其治理方式也存在很多相似之处。与网络直播不同的是，虽然同属于 UGC 模式的媒体，短视频的传播、分发却依赖算法规则。算法是人工设计的规则，其基本逻辑是收集海量数据来建构模型，针对用户个人喜好实现内容的精准推荐，从而满足用户的个性化媒介使用诉求。国内最有代表性的智能媒体中，新闻类的是今日头条，短视频类的是大家熟知的几家头部平台。关于算法技术，学者们的批评主要集中于技术逻辑

〔1〕徐蒙，祝仁涛．新媒体视域下 UGC 模式的法律风险及其防范：以网络直播为例［J］．浙江传媒学院学报，2016，23（4）：13-17.

和价值逻辑的冲突上。算法是一种纯粹的技术，价值中立，但设计算法的人良莠不齐。最终导致的结果就是，尽管打着“技术中立”的旗号，但部分算法媒体在本质上还是围绕着流量做文章，因为互联网时代的流量和商业利益直接相关联。算法本身是一个“黑箱”，由网络运营商制定规则，外界难以得知。这就导致其在实际运用时并非客观和保持价值中立。一方面，程序和系统在搜集、选择和使用数据时，因为包含了人类的隐藏价值而出现输出不公平；另一方面，算法的规则由人制定，其技术设计受到设计者的认识情况和知识水平的影响，难以保证不受偏见和歧视。在缺乏监管的情况下，算法完全可以“作恶”，比如，饱受人诟病的“大数据杀熟”。如果用户满足于低俗、肤浅的内容，媒体则会不断推荐这些“缺乏营养”的信息，长此以往，会误导用户的认知和决策，使其陷入“信息茧房”的陷阱。鉴于算法技术的缺陷，社会各界普遍意识到平台治理的重要性，基于此，政府层面也加大了监管的力度。

经过几年的探索，下列理念得到了社会各界的普遍认同：各类智能媒体和利用算法的平台，需要定制符合社会价值导向基调的算法函数，为社会公众尤其是青少年精准匹配正能量信息，同时在技术规则上限制消极、低俗信息的传播。此外，还要增加算法技术的透明度，因为这样不仅可以满足公众的知情权，也有利于有关部门行使监管责任。经过一系列整改，短视频平台不仅大大修正了其算法缺陷，同时也积极发挥了正向的引领作用。

五、其他各类非法渠道

网络空间内除了有合法媒体之外，还存在一些“法外之地”。大量不良信息在这些非法渠道中传播，很多相关行为甚至构成犯罪，对社会产生严重危害。以网络色情为例，一些不法网站屡禁不绝，和监管部门玩“躲猫猫”，面向公众传播淫秽色情内容。最近几年，淫秽色情类App成为整治的重点。一些个人、公司无视法律，开发、经营非法淫秽色情类App。这些App采取发布淫秽视频或进行淫秽表演的方式，吸引用户点击付费或打赏礼物等，从而牟利。为了逃避打击，还有些不法平台将服务器设立在境外，并采取变换域名和IP地址等技术手段，极大地破坏了网络健康生态。在视频内容的来源上，除了购买、下载不法内容之外，少数不法分子以营利、出名为目的，采用偷拍等方式拍摄不雅内容，并在网络上分享，严重危害了公众的隐私权、肖像权和名誉权。

第四节　青少年接触网络不良信息的现状

笔者尝试梳理了有代表性的研究文献和研究报告，以从宏观层面呈现青少年接触网络不良信息的现状。

传播学对色情和暴力问题保持了长久的关注。很多研究都阐述了青少年接触违法和不良信息的情况。大部分研究采用的是自主调查数据的方式，主要是通过非概率抽样，样本规模不大。少数研究使用大型社会调查获取的数据，样本覆盖面大、较具有代表性。关于国内普通民众接触色情内容的情况，一些学者利用大型社会调查获取了一些数据。潘绥铭和黄盈盈的研究，利用了中国人民大学性社会学研究所2010年完成的“中国人的性”总人口随机抽样调查数据。该调查面向全国14—61岁会讲汉语、认识汉字的人口，以城乡、人口规模与离婚率为分层指标，进行多层的概率抽样，获取有效样本8 795个。结果发现，我国14—19岁人口中看黄色影像的人口占比为20.8%，看性文字的人口占比为18.5%。〔1〕而郭未、杨胜慧、郑晓瑛利用“2009年中国青少年首次生殖健康调查”的数据，发现城镇青少年（16—24岁）中回答“经常”看黄色网站、色情书籍或色情音像制品的比例高达39.85%。〔2〕事实上，由于部分被调查者可能会对敏感问题不如实回答，实际看过色情产品的人口占比可能远高于统计结果。

部分报告也涉及不良信息问题。共青团中央维护青少年权益部会同

〔1〕潘绥铭，黄盈盈．网上性爱与网下的性实践之间的关系：全国14—61岁总人口随机抽样调查结果的实证［J］．学术界，2012（1）：101-108，285.

〔2〕郭未，杨胜慧，郑晓瑛．中国城市青少年问题行为考察［J］．城市问题，2013（1）：74-80.

中国互联网络信息中心从2018年开始发布全国未成年人互联网使用情况研究报告。截至2022年6月，相关调查共进行了3次。需要说明的是，和大部分同类型调查相比，该调查样本量大、覆盖面广，获得的数据质量较好。相关调查在违法有害信息的归类上和其他的一些调查有所不同，更贴近青少年，相关结果具有很大的参考价值。2019年，调查回收有效问卷34 661份。[1] 调查结果显示，截至2019年年底，我国未成年网民规模为1.75亿，未成年人的互联网普及率达到93.1%，总计有46.0%的未成年人表示在网络上遭遇过各类有害信息，其中，遭遇炫耀个人财富或家庭背景内容的比例达23.5%，遭遇淫秽色情内容的比例达20.6%，遭遇血腥、暴力或者教唆犯罪内容的比例达19.7%（图1-3）。

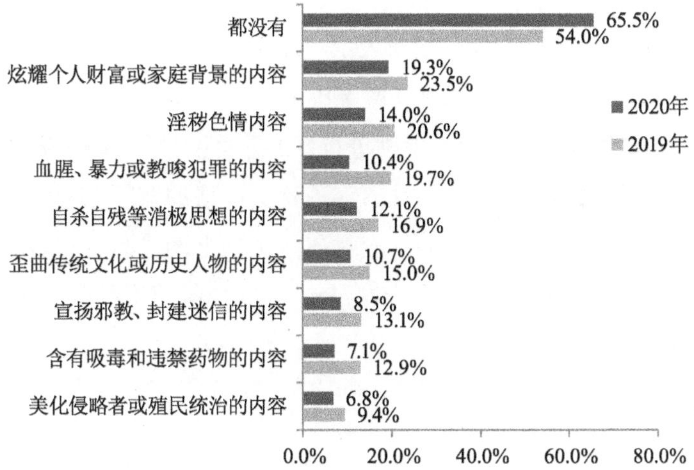

图1-3　未成年网民遭遇网络不良信息的情况

（注：以上数据分别来源于2019、2020年全国未成年人互联网使用情况研究报告）

2020年的调查延续了上一年的问卷框架。调查结果显示，未成年网民中拥有属于自己的上网设备的比例达82.9%。和上一年相比，我国未成年人遭遇各类网络不良信息的比例均有所下降，网络治理工作取得

〔1〕 共青团中央维护青少年权益部，中国互联网络信息中心．2019年全国未成年人互联网使用情况研究报告[EB/OL].[2021-12-31]. http://www.cnnic.net.cn/hlwfzyj/hlwxzbg/qsnbg/202005/P020200513370410784435.pdf.

的成效显著。难能可贵的是，此次调查的对象不仅有未成年人，还涉及他们的家长。2020 年，调查回收有效问卷 35 120 份，并增加了家长问卷，覆盖 31 个省（自治区、直辖市）的小学、初中、高中及中专、技校在校学生（年龄在 6—18 岁）。〔1〕 同时获取两类调查对象的数据，使得这份报告拥有了更大的价值。从家长方面看，31.8%的家长担心孩子上网时间过长。总计有 82.0%的家长对上网造成的视力下降问题表示“很担心”或“比较担心”；对“浏览不良信息”表示“很担心”或“比较担心”的家长比例合计达 69.2%；对“造成网络沉迷”问题表示“很担心”或“比较担心”的家长比例合计达 66.4%。而从家长自身的网络技能与依赖心理方面看，38.4%的家长表示“可以熟练地使用互联网”，57.5%的家长表示“对互联网懂得不多，主要在网上看新闻或刷抖音、快手”，另有 4.1%的家长表示“不会上网”。值得注意的是，对于各方在改善未成年人上网不良影响中的责任方面，50.1%的家长表示“家长最需要作为，应对孩子上网进行好的监督引导”，23.9%的家长表示“社会最需要作为，应对不良内容进行更严格的监管”，还有 20.1%的家长表示“学校最需要作为，应对孩子正确上网进行更多教育”，也有 5.9%的家长表示“没想过这个问题”。综合所获得的数据来看，家长们认为最需要负责的依次为家长、社会和学校。

---

〔1〕 共青团中央维护青少年权益部，中国互联网络信息中心 . 2020 年全国未成年人互联网使用情况研究报告［EB/OL］.［2021-12-31］. http：//www.cnnic.net.cn/hlwfzyj/hlwxzbg/qsnbg/202107/P020210720571098696248.pdf.

第二章

网络不良信息的研究路径

第一节 不良信息研究的不同视角

一、网络规制的视角

自有互联网以来，广大网民、网络运营商即面临着网络不良信息的侵扰。网络治理问题旋即成为法学、新闻传播学的热点话题。国内学者往往基于网络规制的视角，致力于通过立法、行政等治理手段解决这一问题，以净化网络环境。在逻辑上，研究者们普遍把网络不良信息视为社会毒瘤，认为网络不良信息会给社会各个层面尤其是青少年群体带来巨大的危害。近些年来，随着互联网治理形势的变化，国内大量研究成果得以问世，这些成果侧重于梳理历史经验、总结治理模式、进行制度规划和跨国比较等。从社会舆论来看，打击网络不良信息的理由往往基于保护青少年、维护社会风气和树立正确价值观。

在立法层面上，国内研究者们紧盯实际需求，积极面向热点问题、重点问题，分析现有不足，提出改进措施。而这些热点问题与重点问题往往都伴随着媒介生态和业态的变化而出现，比如，关于网络色情、低俗问题的讨论，就经历了从网站到直播，再从直播到短视频的变化。有些研究着眼于宏观层面，系统探讨了某一领域的专门立法，还有文献通过个案研究，以典型事件为切入点，分析现有的监管漏洞并提出改进措施。此外，还有很多研究关注海外关于互联网的立法经验，将网络治理制度进行跨国比较，以期为本土化实践提供参考。从国际范围来看，很多国家、地区采纳了内容分级制，比如，美国、日本、德国、法国、韩国等。这一制度在法理层面上具有合理性，在实践层面上也取得了不错的效果。涉及内容分级制的文献大多对这一制度持肯定态度，并大力呼吁在我国实施。另外还有一些文献关注、讨论实名制的相关问题，即在电信和网络空间施行的实名制度。对于实名制，学术界表现出了积极的支持态度，但也普遍强调在施行实名制的同时，应该加大个人信息保护制度的建设，防止因信息泄露而造成公民的各种损失。

在执法方面，很多文献深入地分析了在我国卓有成效的“扫黄打非”专项行动和各项常规治理工作。“扫黄打非”工作开始于1989年，至今已超过30年。近些年来，相关部门将工作重心移向互联网，并随着媒介业态、生态的变化，在工作部署上做出相应调整，以各专项治理行动的方式整顿重点问题。还有一些研究者将目光投向海外，介绍、分析、评价国际网络治理的实践，并探索在国内施行的可能性。

近年来，人们对互联网治理工作的重要性的认识不断提高。随着网络用户的增加和网络技术的发展，以及网络在社会各个领域的融入，网络安全已经成为国家安全体系的一个重要领域。经过长期的理论探索和实践经验总结，社会各界已经达成共识：依靠单一主体、采取单一措施无法治理好互联网，互联网治理工作需要多主体参与的综合性治理框架。这些主体涉及互联网的各利益相关方，包括党委和政府、行业协会、互联网企业及网民。

二、实证主义的视角

（一）实证主义影响下的传播学发展

实证主义主张以科学的方法建立经验性的知识。传播学历来有重视效果研究的传统。在网络不良信息研究方面，实证主义更多地体现在传播效果领域。公众喜欢凭借非科学的观念推测个体和社会是如何被网络不良信息，如媒介暴力、色情、刻板印象、虚假新闻、脏话等影响的。而从更加广阔的思维出发，媒介效果远不止如此。在现代社会，媒体深层次地介入、影响了人类。所谓媒介效果，詹姆斯·波特（W. J. Potter）认为，媒介效果指的是部分或整体来自媒体影响的后果。媒介效果可以分为两个层次：个人层面效果和宏观层面效果。个人层面效果即对个人的影响；宏观层面效果指的是具有集合性质的影响，比如，对公众、机构、社会或者媒体工业本身的影响。媒介效果需要考虑的个人层面效果涉及六种类型，分别为认知（cognitive）、信念（belief）、态度（attitudes）、情感（affects）、心理（physiology）和行为（behavior）；而媒介影响功能（media influenced functions），即媒介如何行使影响，则分为四个方面，分别为获取（acquiring）、触发（triggering）、改变（altering）和强化（reinforing）。这样个体层面的媒介效果模板（media effects template）就形成了6×4的矩阵，共有24种组合。[1] 在通常情况下，个人层面效果的研究使用实验或者抽样方法聚焦于受众对于媒体信息的回应；宏观层面效果的研究则是从机构收集汇总数据，这些机构如政府各个部门、国际组织等。在经典传播学教材《传播学教程》一书中，郭庆光把个人层面的传播影响归为认知、心理和态度、行为三个方面，而把宏观层面效果归为环境认知效果、价值形成与维护效果、社会行为示范效果三个方面。在探索网络不良信息效果的研究中，“受众媒介接触—媒介效果”范式是一种主流范式，相关研究通过实验法、问卷调查法和访谈法，聚焦暴露于特定媒体类型、内容的受众，考察媒体对于他们的各种影响。这类研究考察的网络不良信息主要是指媒体中的色情和暴力内容。

学者们依据不同的理论，通过不同的方法，探索了大众传播效果大小的问题，并且得到了不同的答案。以时间为轴，学术界对于传播效果大小的认识经历了不同的阶段。虽然不同时期的观念不尽相同，但实证研究的范式始终是主流。沃纳·赛佛林（Werner J. Severin）和小詹姆斯·坦卡德（James W. Tankard）汇总效果研究，将其分为四个阶段，分别是子弹理论、有限效果模式、适度效果模式和强大效果模式。子弹理论是传播学关于传播效果最早和最简单的概念，认为大众传播有强大的效果。该理论之后被有限效果模式替代并得到大量实证研究者的支持。但学术界逐渐发现，有限效果模式矫枉过正，很多研究结果显示大众传播的效果比有限效果模式所宣称的要大得多。这些研究包括知识沟研究、议程设置研究和电视暴力研究，它们的立场可以被称为适度效果模式。之后，包括“沉默的螺旋”研究在内的一系列研究又显示大众传播具有相当强大的效果。但这种强大效果模式仍然需要谨慎对待，因为强大效果并不是普遍或容易产生的，只有在正确的环境中使用正确的

---

〔1〕 POTTER W J. Media effects[M].Thousand Oaks:Sage Publications,2012:35-47.

传播技巧，它才可能产生。[1]

早在20世纪二三十年代，佩恩基金会已经主导了电影影响儿童问题的研究。该项目共包含13项研究，发表有10卷研究成果。这些研究涉及的议题在今天仍然被关注。比如，有研究者试图探索不同类型的电影对儿童情感的影响，利用安装在成人和儿童身体上的仪器，监测他们对于浪漫和性爱内容的反应。赫伯特·布鲁默通过问卷调查和采访，鼓励被访者指摘媒体对他们的影响。在网络兴起之前，最有影响力的媒体是电视。20世纪50年代至20世纪60年代是美国电视业发展的黄金时期。在这段时间，电视在普通家庭得以普及，电视台如雨后春笋般出现，人们的生活、社交亦发生了巨大变化。社会精英对于电视产生的各种社会影响充满忧虑。这种忧虑催生了大量的科研成果。随着网络时代的到来，传播学、心理学、公共卫生学开始把不良信息效果问题的研究阵地转向互联网。在网络情境下，经典的媒介效果理论并没有失去解释力，而来自其他学科，包括自然科学的方法、理论也不断地介入传播效果的研究。

（二）实证主义视角下的决策思维

发轫于美国的传播学传承了社会心理学的研究传统，其理论范式和研究方法都被打上了实证主义的烙印。在发展过程中，传播学又吸收了不同学科的营养，并最终形成了经验学派和批判学派两大传播学研究范式。在古典科学的时代，自然科学几乎等同于科学。自然科学带给社会科学新的契机。在一定程度上，实证主义理论范式是自然科学的研究取向。如今实证主义范式已经成为各个学科的主流范式，量化研究大行其道。马克思认为，一门科学只有在成功地运用数学时，才算达到真正完善的地步。但实际上，实证主义范式并不专属于量化研究，它也是质化研究的理论基础。谢立中指出：“在社会科学研究领域中，既存在着人文主义的质化研究范式，也存在着实证主义的质化研究范式；同样，既

---

〔1〕 沃纳·赛佛林，小詹姆斯·坦卡德. 传播理论：起源、方法与应用［M］. 郭镇之，孟颖，赵丽芳，等译. 北京：华夏出版社，1999：308-309.

存在着实证主义的量化研究范式，也存在着人文主义的量化研究范式。因此，将量化研究与实证主义相等同、质化研究与实证主义相对立的说法是不适当的。"[1]

启蒙运动以来，社会科学对自然科学进行了大规模借用，不仅用于分析、解读、预测社会现象，也体现在政策科学领域。但对公共政策的评估不应该仅仅考量政策效益、效率，还应该考虑其政策价值。在西方，政策科学发轫于二战后的美国。逻辑实证主义方法在该领域居于正统地位。政策分析者强调研究的客观性。进入 21 世纪以来，伴随着社会治理能力的稳步提升和公共政策学科的发展，我国学术界相应展开了对于政策评估问题的讨论，但在理念上较为滞后。2008 年，和经纬撰文指出，我国当前公共政策评估实践尚不成熟，缺乏方法论指导，"应该确立起中国公共政策评估研究的实证主义取向"[2]。实证主义研究取向过于重视技术性，强调事实和价值的分离，其本身的内在缺陷不断为学者们所诟病。其实在 20 世纪 70 年代，西方学者开始提出"后实证主义"的概念，将价值涉入引入政策评估。后实证主义政策评估的特点体现在三个方面：强调事实和价值相结合；尊重对政策的多元解释与批判；强调批判者的角色互换，强调评估过程中的参与、互动和建构。[3] 近些年来，后实证主义思潮逐渐成为主流，国内研究者也迅速意识到了这一发展趋势。社会科学的蓬勃发展为政府决策提供了重要助力。关于网络治理，在政策制定和评估时，应该兼顾科学主义和人文主义，追求工具理性和价值判断的和谐统一。从研究角度来看，实证主义赋予了社会科学描述、解释、预测社会现象的能力。通过实证研究，我们可以了解广大网民遭遇网络不良信息的情况，掌握他们媒介素养的水平，知晓他们对于网络不良信息的态度，并比较不同网民群体的差异。

---

〔1〕 谢立中．再议社会研究领域量化研究和质化研究的关系［J］．河北学刊，2019，39（2）：160-170.

〔2〕 和经纬．中国公共政策评估研究的方法论取向：走向实证主义［J］．中国行政管理，2008（9）：118-124.

〔3〕 李亚，宋宇．后实证主义政策评估主要模式评析［J］．天津社会科学，2017（1）：81-85.

除此之外，通过实证研究，我们还可以解释网络不良信息所产生的一系列负面效果，解释不同受众主体对于网络不良信息的态度，评价网络不良信息的治理政策。通过实证研究，我们加深了对于网络不良信息现象的理解。实证研究与理论相互结合，可以对各种社会现象做出解释。尽管相对于自然科学，这种解释不够精确，且存在多种难以整合的解释类型，甚至解释效力可能还不强，但解释社会现象仍然是当代社会科学的重要研究领域。社会科学中存在依靠演绎和归纳两种逻辑方法来联结理论与研究的现象。解释是理论的功能。在社会科学中，有时候理论议题只是作为实证研究的背景，有时候则是用实证研究来支持理论，还有些实证研究没有涉及理论，部分学者还会将实证研究导向理论、修正理论。在网络不良信息研究领域，实证研究与思辨研究同样重要。

三、网络成瘾的视角

早在20世纪60年代，随着电视在美国社会的普及，越来越多的观众开始花费大量时间不加节制地看电视，而与之相伴的是思考能力的减弱。一些学者据此提出了媒体有“麻痹神经”的作用的观点。和电视一样，互联网也是集视、听于一体的，不仅能给受众以强烈的现场感、沉浸感和冲击感，而且具备了交互性、开放性、快速性和全球性等新特点。新兴技术使得受众更容易沉迷。进入21世纪以来，互联网与人们的生活联系日益密切，并催生了“网络成瘾”现象。网络成瘾被视为一种精神疾病，是一个值得全世界关注的医学问题和社会问题，严重影响了人们的身心健康。网络成瘾患者多见于青少年群体。2018年，国家卫生健康委员会发布《中国青少年健康教育核心信息及释义（2018版）》，对“网络成瘾”的定义和标准做了界定。根据这份标准，网络成瘾是指在无成瘾物质作用下对互联网使用冲动的失控行为，表现为过度使用互联网后导致明显的学业、职业和社会功能的损伤。诊断网络成瘾障碍时，持续时间的长短是一个重要标准，在一般情况下相关行为至少持续12个月才能确诊。

提到网络成瘾，很多人首先会想到游戏成瘾。事实上，游戏成瘾只是网络成瘾的一种表现形式。网络成瘾的类型有很多种，常见的包括网络关系成瘾、网络游戏成瘾、网络色情成瘾、网络交易成瘾、网络信息成瘾。在网络成瘾研究领域，著名研究者杨（Young）认为，网络成瘾是一个广泛的术语，涵盖了各种行为和冲动性控制问题，可以细分为网络色情成瘾、网络关系成瘾、强迫上网行为、信息过载和电脑成瘾五种类型。网络色情成瘾通常表现为强迫性地使用成人网站进行网络性爱和观看网络色情。如今，网络色情成瘾已然成为性犯罪的重要诱因，对青少年的生活和成长造成了重大威胁。随着网络在全世界范围内的普及，此类案件频频见于报刊媒体。

在概念上，胡耿丹和许全成认为，网络色情成瘾通常是指个人沉迷于聊成人话题的聊天室、网络色情网站、网络虚拟性行为、网络色情文学等活动。网络色情成瘾主要表现为无法抵御网络上的色情内容的诱惑，沉迷于其中无法自拔。〔1〕 沉迷于网络色情，对青少年而言，会影响青少年关于性、婚恋、家庭的正确态度，危害两性关系；对于社会而言，会增加犯罪的风险。而学术界也在不断探索其诊断标准和测量工具。问题性网络色情使用量表最初由国外学者编制。国内的研究者将其引入，并结合中文语境进行了适度调整，最终形成了中文版问题性网络色情使用量表（Problematic Pornography Use Scale，PPUS）。中文版PPUS 量表共分为 4 个因子 12 个条目。4 个因子分别为痛苦和功能问题（3 个条目）、过度使用（3 个条目）、控制困难（3 个条目）、为逃避负性情绪而使用（3 个条目）。经过统计检验，中文版 PPUS 量表在本土情景下取得了良好的信度和效度。这表明其适合在具有中国文化背景下的大学生群体中应用。〔2〕 在网络色情成瘾发生机制层面，国内学者总结得出 4 个影响成因：其一是现实生活中无法处理好婚姻或者其他重要的人际关系的心理挫败感所致；其二是网络易接近性、可负担性和匿名性导致人们偏爱网络性行为；其三是在匿名性基础之上的安逸性和逃避

〔1〕 胡耿丹，许全成．网络成瘾心理学［M］．北京：北京师范大学出版社，2019：98.
〔2〕 陈丽君，王欣，陈世民，等．中文版问题性网络色情使用量表在大学生中信度及效度评价［J］．中国公共卫生，2018，34（7）：1034-1038.

性；其四是对曾患有性成瘾疾病的康复者来说，网络色情具有不可抵挡的诱惑。[1]

戒除网瘾并不容易。除了学理层面的科学研究外，不少学者在干预、预防等实践层面也进行了很多有益的探索。而根据《中国青少年健康教育核心信息及释义（2018版）》的建议，青少年在出现网瘾症状时，应该反复暗示自己"我一定能行""我一定能戒除"。当抵制住了网络诱惑时，可进行自我鼓励，加强信念，将网络的危害和戒除网瘾的决心写下来，提醒自己转移对网络的注意力；还可加入社团，积极参与自己感兴趣的活动，融入现实人际交往。从来自外部的支持方式看，为了治疗网络色情成瘾，目前主要的治疗方式有行为疗法、动机性访谈疗法、接受承诺疗法和在线支持法等。

第二节　不良信息研究的传播学框架

一、"第三人效果"理论视角

1983年，戴维森（Davison）在《公共舆论季刊》上发表了论文《传播中的第三人效果》，第一次提出了"第三人效果"理论，他通过实验的方法验证了相关现象的存在。此后的几十年时间里，"第三人效果"问题引起了学术界持久的研究兴趣。具有传播学、营销学、政治学等学术背景的学者们将该理论广泛用于研究色情内容、暴力内容、风险性信息、刻板印象、谣言、疾病信息等，纷纷发表自己的研究结论。"第三人效果"理论的核心内容是个体会认为相比于自己，其他人更容易受到媒体的影响，即第三人认知效果，而这种认知又带来了相应的后续行为，例如，支持对不良媒体的内容进行限制。也就是说，"第三人效果"理论包含两个部分：认知效果和行为要素。在探索第三人认知效

〔1〕刘粤钳，姚红玉．网络色情成瘾：一个被忽视的社会现象［J］．自然辩证法通讯，2012，34（2）：63-67，127.

果和行为要素关系的研究中，大部分文献发现两者之间存在正相关的关系。有学者采用 Meta 分析法，通过对前人相关实证文献的再次挖掘，用统计的方法为“第三人效果”的可靠性和稳定性提供了实证支持。而现有的大部分研究发现，自我-他人的认知偏差即第三人感知，可以显著地预测后续行为。

“第三人效果”的行为要素经常与不良信息产生联系，并催生了大批成果。信息适意度是“第三人效果”理论的重点研究领域。学者们普遍将这一变量视为一个重要的调节变量。信息适意度指的是信息的性质符合社会期待的程度，例如，公益广告因为符合社会期待，其信息适意度就高；而像色情、暴力信息因为不符合社会期待，其信息适意度就低。对于不符合社会期待的信息，人们会倾向于认为该信息对于其他人的影响大于自己，即“第三人效果”。而对于符合社会期待的信息，人们倾向于认为这类信息对自己的影响大于其他人。这种现象被称为“第一人效果”，与“第三人效果”相对应。很多研究均可证实，第三人认知可以显著预测对于不符合社会期待的信息的干预行为，例如，支持对于色情、暴力信息的审查。也有研究发现，对于暴力内容的第三人认知，不仅可以显著影响支持审查的态度，还可以促使家长行使媒介干预行为。[1]

二、涵化理论视角

作为“文化指标”研究项目的一部分，涵化理论的相关研究探索了媒体接触与受众对于现实世界感知的关系。该理论诞生于电视开始盛行的时代，在分析电视涵化效果时，着眼于中长期的媒体影响。概括来说，涵化理论的核心是作为社会化媒体的电视将媒介现实灌输到个人头脑之中，使观看电视较多的观众拥有与电视世界相一致的信仰、态度和价值观。

---

〔1〕 HOFFNER C,BUCHANAN M. Parents' responses to television violence: the third-person perception, parental mediation and support for censorship[J]. Media Psychology, 2002, 4(3): 231-252.

从20世纪70年代以来，学者们围绕涵化理论开展了大量的研究。这些研究大部分都是围绕着电视展开的。随着互联网的出现，学者们才把注意力转向了网络空间。有学者统计，截至2010年，围绕涵化理论发表的研究成果数量超过500项，其中，2000年后发表的成果数量超过125项。这也让涵化理论成为传播学领域最有影响力的理论之一。格伯纳和他的团队成员围绕着涵化理论穷尽了几十年的心力。鉴于格伯纳的重要学术贡献，他曾经工作过的宾夕法尼亚大学还在互联网上建立了数字纪念馆。

几十年来，涵化研究不断取得新的突破。相关研究将涵化效果划分为两个层次：第一层次是指对某些事件发生率估计的影响，比如，相对于真实世界，接触电视较多者会高估医生、律师和商人的比例；第二层次是指对受众价值观的影响，比如，接触媒体较多者更倾向于接受媒体传递的价值观念。早期的涵化研究往往同时采用内容分析法和问卷调查法，之后的涵化研究基本只通过问卷调查法收集数据并进行统计分析，渐渐地不再使用内容分析法。笔者推断，这很可能是因为研究者假定整体上电视媒体或者某一类型节目传递的价值观念存在一致性。

近些年来，关于涵化理论的探索不再局限于社会学视角，学者们将目光投向心理学，希望吸收更多的营养以丰富对涵化效果的认识，特别是从认知心理学的角度去分析相关机制的研究取得了很大的进展。这与格伯纳本人最初的构想有很大差异，因为他本人更倾向于将涵化研究置于社会学框架之下。另外，格伯纳将媒体视为整齐划一的信息系统，比如，他认为商业电视呈现的是一个由一系列相互关联的故事组成的整体世界，这些故事都是按照同一套市场规格制作的。

格伯纳和他的团队成员早年主导的涵化研究不划分受众接触的内容与类型，通常整体性考察电视观看的时间，这和后续研究中将不同类型的媒体的内容作为前因变量存在很大差异。近些年来，学者们则是致力探索特定内容和涵化效果的关系，如真人秀、肥皂剧、犯罪新闻、暴力游戏等。随着网络时代的到来，学者们的关注点也转向了互联网，如社交媒体这一领域。相比于只是整体性地考察媒体使用（如电视观看的时间），这些特定的内容往往能够对因变量产生更强的解释效力。在涵化理论的框架之下，大量研究发现媒体会对青少年产生负面影响。比如，频繁接触犯罪题材的新闻、电视剧的青少年会高估本地区的犯罪率，从而缺乏安全感；频繁接触色情类信息的青少年会产生对于性、婚恋、家庭方面的错误态度和一系列不符合社会规范的行为。

涵化研究还尝试在影响机制上展开更多的讨论，比如，关于调节变量的探索。调节是社会科学研究中重要的方法学概念，是研究者探索多个变量之间关系的重要手段。如果因变量 Y 和自变量 X 的关系跟随第三个变量 Z 的变化而变化，则 Z 在 X 和 Y 之间起调节作用，此时 Z 为调节变量。调节变量影响自变量和因变量关系的强弱和方向。涵化理论的调节效应是围绕着“主流”和“共鸣”两个效应展开的。很多研究尝试将不同变量作为调节变量来分析，如个人的直接经验。“主流”效应显示，生活经验与电视描述的世界存在较大差异的人更有可能受到电视的影响，易在头脑中形成电视塑造的世界。与“主流”效应一样，“共鸣”效应也显示观众的生活经验可以调节涵化效果。差别在于，“共鸣”效应尽管也表现为电视观看和直接经验之间的交互作用，但与“主流”效应作用的方向相反，也就是说，那些直接经验与电视呈现的信息一致的人将更易受电视的影响，会放大效应，而不是像“主流”预测的那样受到更小影响。国外学者进行过一项研究，基于涵化理论框架探索了观看电视和受众对城市犯罪率估计的关系，其结果显示遭遇暴力事件的直接经验在两个变量之间起到了“共鸣”作用，即亲身体验过犯罪和暴力的观众，电视信息会对其产生“双重剂量”的效果，涵化效应被强化了。[1] 出现“主流”还是“共鸣”的涵化效应，取决于被测量的不同社会群体，以及不同的自变量、调节变量和因变量。

---

〔1〕 SHRUM J, BISCHAK D. Mainstreaming, resonance and impersonal impact: testing moderators of the cultivation effect for estimates of crime risk[J]. Human Communication Research, 2001, 27(2): 187-215.

三、社会学习理论视角

社会学习理论既强调人不是由内部因素驱动的，也不完全受环境因素的影响。该理论强调交互决定论，由三个主要的因素相互影响，分别为个人因素、环境因素和行为表现。“观察学习”是社会学习理论的核心概念，它是指个体只有在观察到他人行为被强化或被惩罚后，才会在后来做出类似行为或者抑制该行为。学习者观察学习的对象被称为榜样。社会学习理论强调榜样的作用。榜样不仅可以是社会生活中的人物，也可以是媒体中的人物。在社会中，青少年周围有很多有影响力的榜样，如家庭中的父母、同龄人中的朋友和学校里的老师，除此之外，还包括媒体中的优秀人物。这些榜样给青少年提供了观察和模仿的行为例子。青少年可以从别人的成功或者失败中获得经验，如果看到别人的行为成功，就倾向于模仿；而看到别人因行为遭受惩罚，则倾向于避免。

社会学习理论经常被用来解释不良信息带来的社会危害性。大众媒体中大量重复呈现的图像可能被观众潜在地加工和编码。以暴力内容为例，部分媒体中充斥着暴力内容，但这些暴力内容并非总是正当的，不正当的暴力行为也并不总能受到惩罚。此外，这部分媒体中的人物总是选择暴力作为解决问题的有效方式，根据社会学习理论，既然人们很多行为是习得的，媒体上的暴力也就会被观众认同进而模仿。这无疑会误导青少年，影响其健康成长。

在某种意义上，社会学习理论和涵化理论存在一定的相似性。两者都可以用于解释媒体对于社会现实的影响。和涵化理论单纯将媒体接触作为前因变量不同，社会学习理论则是强调受众的认知活动在媒介信息消费中的重要性。举例来说，在一项分析日本留学生对非洲人刻板印象的研究中，作者在模型中同时纳入以上两种理论的相关变量。涵化理论测量的是被调查者最近观看以非洲人为主角的电视节目的数量，社会学习理论测量的则是被调查者对电视中的非洲裔美国人正面或者负面的评价。[1]

四、保护动机理论视角

保护动机理论最早由罗杰斯（C. R. Rogers）于1975年提出，用于解释减少风险的行为或者保护性的行为。1983年，罗杰斯在原有模型上又做了修正和补充。该理论源于行为科学领域对于恐惧诉求的研究。恐惧诉求指的是在信息传播中，通过威胁对方的基本利益以提高对方的注意力。除了威胁本身之外，恐惧诉求还提供解决方案以促使劝服对象改变行为、态度。保护动机理论认为，保护动机来自感知到的威胁和避免潜在负面结果产生的期望。面对风险，个人在认知过程中会将采取预防措施耗费的成本与采取该措施收到的预期效益进行权衡。在很大程度上，保护动机理论拓展了对恐惧诉求的研究，明确了其内在机制和相关影响因素。该理论框架分为三个部分，即信息源、认知中介过程和应对模式。其中，认知中介过程是保护动机理论的核心部分，包括威胁评估和应对评估。威胁评估评估的主要是风险的严重性和易发生性；应对评估则是对应付和避免危险的能力进行评估。在综合威胁评估和应对评估的基础之上，个体继而产生保护或者不保护的行为。

在现代社会中，保护动机理论得到了非常广泛的应用，具备很好的解释力，不仅适用于健康领域，还被用来解释亲环境行为、拒绝使用盗版软件行为等方面。在涉及健康相关的行为方面，该模型也通过了Meta分析的检验。一些涉及不良信息的研究也借助保护动机理论来解析家长的媒介干预行为。不良信息常被家长视为一种影响青少年健康成长的风险威胁，家长因而会采取一定的保护性措施，进行媒介干预。网络时代，家长对子女进行的媒介干预，在内涵上主要指家长的网络监管。西方学者将媒介监管的方式主要归为三种类型：第一种是限制型干

---

〔1〕 YUKI FUJIOKA. Television portrayals and African-American stereotypes: examination of television effects when direct contact is lacking [J]. Journalism & Mass Communication Quarterly, 1999, 76(1): 52-75.

预，侧重对媒体使用设置规则，特别是对媒介终端、使用媒体的时间和媒体的内容、类型进行限制；第二种是积极型干预，是指家长与子女讨论媒体内容，例如，提供自身对有关新闻报道、广告、社交媒体和电子游戏的解读；第三种是共同使用，是指家长与子女共享媒体时间，如一起看电视，但通常不对内容做出评价。围绕着媒介干预措施的影响因素和干预措施的效果问题，学术界产生了很多研究。例如，有国外学者依托保护动机理论研究家长的教养方式与家长对子女媒介监管策略的关系，发现不同的教养方式对应着不同的监管方式。[1]

五、非说服视角的不良信息效果观

关于传播效果的研究经历了一个漫长的发展过程。在不同阶段，学术界关于媒介效果的观念差异很大。自从子弹理论式微之后，传播学家不再积极寻求媒介信息的短期刺激对于媒介效果的解释，关注的往往是中长期的媒体影响问题。在新闻报道的叙事中，色情、暴力内容往往成为性犯罪的诱因。我们经常可以看到某青少年沉迷于网络色情，继而走上性犯罪道路的不幸故事。案例引发的一系列问题令人深思，但归根结底，仍然是个案。在社会科学中，凭借个案研究很难进行因果推断。尤其是在单一个案中观察到的各种现象，虽然可能存在各种联系，但本质上只不过是各种可能联系的一种。量化研究却可以阐释宏观层面的规律。大量研究表明：长期接触不良信息的确会产生一系列负面效果。这些负面效果多体现在认知、态度和行为层面。

关于说服问题的探索，早在古希腊时期就有相关论述的呈现。第二次世界大战期间，传播学先驱之一的霍夫兰（Carl Hovland）围绕着说服和态度改变问题开展了大量研究。经过几十年的发展，古老的说服问题如今已经在西方世界成为“显学”，学者们主要通过人文主义的修辞学和社会科学两种不同路径介入研究。

---

〔1〕 BONIEL-NISSIM M, EFRATI Y, DOLEV-COHEN M. Parental mediation regarding children's pornography exposure: the role of parenting style, protection motivation and gender[J]. The Journal of Sex Research, 2020, 57(1): 42-51.

佩罗夫（Perloff）在其著作《说服动力学：21 世纪的沟通与态度》一书中，将说服特征概括为五点：其一，说服是一个符号化的过程，涉及语言和非语言符号的运用；其二，说服涉及试图影响他人，说服者必须打算改变其他人的态度或行为，并且意识到正在致力于实现这个目标；其三，人们劝服他们自己；其四，说服涉及信息的传递；其五，说服需要自由选择，被说服者必须在传播环境中能够自由改变自己的行为或者做自己想做的事。与“自由选择”概念相反的是“强制”（corecion）。在通常意义上，说服涉及理性和言语诉求，强制则强调通过带有威胁性质的方式进行。

一方面，尽管一些实验研究证实了与不良信息短期接触也会对青少年产生很多层面的消极影响，比如，增加了攻击性，但不良信息引发的最为主要的负面影响通常还是潜移默化的，其危害性体现在累积性上，也即需要一定时间、一定数量的接触。而很多说服行为都发生在短时间内，比如，上门销售的行为。另一方面，对于绝大多数不良信息而言，信息的发布者并非有意让信息接收者按照自己的意图改变，也不是有意影响信息接收者的精神状态。很多不良信息的生产、传播仅仅是为了获取流量和关注，追求的是经济利益；而说服性信息追求的是态度和行为改变。此外，在价值判断上，不良信息是一种负面、消极、有害的传播内容，需要加以整治；而说服行为、说服技巧是一种中性化的传播现象，既可以造福于人，如宣传控烟的广告，当然，也可能会被别有用心之人操纵，对社会产生危害。

在一定程度上，我们在讨论不良信息的影响时，不得不再次回顾李普曼所提出的“拟态环境”概念，考虑不良信息所建构的信息环境对于青少年的负面影响。

第三章

不良信息的危害性：基于传播效果视角的考察

第一节 不良信息对于社会层面的危害

结构功能主义是分析传播功能与社会关系的一个重要路径。该理论吸纳了生物学的观点，把社会看作一个由相互关联的部分构成的复杂系统。这个复杂系统中的所有部分都执行特定的活动，旨在维持社会的均衡发展和稳定运行。这些活动便被称为功能。传播学先驱之一的拉斯韦尔（Harold Lasswell）在1948年发表的《社会传播的结构与功能》一文中，率先从功能视角看待传播现象，将大众传播的功能总结为三项，分别为监视环境、守望社会和传递遗产。此后，赖特（C. R. Wright）在以上三个范畴之外增加了娱乐功能。施拉姆则又补充了经济功能，并对以往学者的观点进行了梳理与总结。在施拉姆整理的图谱中，传播的社会功能表现为政治功能、经济功能和一般社会功能三项，这三项一级指标之下又分别对应着数目不等的二级指标。以上观点在传播学界广泛流行，产生了很大的影响。

除了正面功能之外，美国社会学家默顿（Robert King Merton）又提出了负面功能的观点。负面功能，也被称为功能失调。当传播失范时，大众传播则将本来应该起到的正面功能转变为负面功能。国内学者周庆山和王京山则从正反两面梳理了社交媒体的功能，指出社交媒体存在环境监测的负面功能、社会协调的负面功能、文化与经济功能失调、社会心理失调问题。[1]

站在功能的角度，和一般信息不同的是，不良信息对于个人、社会的破坏是非常大的。尤其不良信息会给我们的生活带来迷茫，误导我们的判断，使得我们无法清晰地认识社会关系。如果我们将错误信息作为决策的依据，就容易被别有用心之人操纵和影响。不良信息使得我们无法有效地介入社会宏大决策，错误理解社会对自身的期望，丧失理性的

---

〔1〕 周庆山，王京山．社交媒体传播影响与规制创新［M］．北京：知识产权出版社，2021：32-69.

思考能力，破坏优秀传统文化和正确价值观的传承，漠视社会规范，消极影响自身的社会化进程。社会化通常是指个体在社会的影响下，通过学习社会知识、掌握社会技能、建立社会经验，并通过自身不断地选择和建构，形成一定社会所认可的“心理—行为模式”，成为社会成员的过程。[1] 本书延续以往学者的思路，从六个方面分析不良信息导致的负面社会功能。

一、环境监测负面功能

现代社会，我们对于世界的认识越来越依赖媒介所塑造的“拟态环境”。不良信息很明显会误导我们对于真实世界的正确认识和判断。当传播作用于个人时，环境监测功能就如同开启的雷达一样。我们通过传播了解所处的环境，获得生活和生存必备的信息，甚至操纵别人。舆论学先驱李普曼提出的“拟态环境”的概念，意指媒介所塑造的信息环境。现代社会变得越来越巨大和复杂化。超出自己经验以外的世界，全面浸入媒介环境之中的现代人想要理解只能依赖媒介。近 20 年来，互联网发展一枝独秀，其影响力远远超过其他任何一类媒体。在移动互联网时代，一方面，网络提供的环境监测功能愈发强大，使得我们不仅可以获得更加迅捷、及时、多媒体形态的信息，还可以使用手机等便携设备随时进行反馈和互动。作为受传者的青少年不再满足于单方面接收，还可以进行评论、点赞和转发。另一方面，传播主体也从传统的专业媒体机构，变成了网民几乎人人有份。

不良信息对于环境监测和社会预警具有很大的负面作用，会误导我们对周围环境的判断，比如，高估犯罪事件发生的概率从而导致缺乏安全感。大量重复、无效的垃圾信息加大了搜索有用信息的成本，会导致我们陷入迷茫与混乱，出现信息过载、信息回避的现象。信息过载，也被称为信息超载，指的是信息超过了个人或系统所能接受、处理或有效

---

〔1〕 金盛华．社会心理学［M］．北京：高等教育出版社，2017：63.

利用的范围，并导致故障的状况。[1] 不良信息除了内容方面存在直接危害之外，也挤占了我们的注意力资源。在新媒体时代，我们对信息的处理速度远低于信息的传播速度。这些错误、冗余的信息超过我们可消费、承受的范围时，便会产生干扰作用，降低我们处理信息的效率。如此难辨真伪的密集信息，容易导致信息过载现象。而信息过载又会导致信息回避。所谓信息回避，通常是指忽略、拒绝、避免或者延迟获取可获得信息的行为。

此外，算法媒体加剧了“信息茧房”现象的出现。“信息茧房”指的是人们只愿意选择自己了解或者感兴趣的信息，从而忽略其他类型的信息。这种选择是不全面的，尤其在今日头条、抖音等算法媒体大行其道的今天。算法媒体具备个性化推荐的功能，后台技术会依据用户使用偏好推荐用户喜好的内容，即媒体基于算法、大数据技术对用户进行画像，并进行个性化信息内容的分发。长此以往，用户受制于自身审美和使用习惯，导致信息接触面变窄，自身和外部世界缺少多元化的交流，难以认识真实世界，于是，认知上便呈现出“作茧自缚”的状态。社交媒体的存在，导致“后真相”（post-truth）时代的到来。2016 年，英国脱欧和特朗普当选总统导致“后真相”一词迅速走红。“后真相”被《牛津词典》评为 2016 年度热词，用来指代社交媒体场域中情感比事实更能影响舆论的现象。在“后真相”时代，人们倾向于相信和偏爱诉诸情感的话语形式。有学者总结了美国“后真相”社会的特征，认为其主要表现为 4 个方面：① 各方都认为自己掌握了真相，别人却被假象蒙蔽；② 各方否定对方的价值观；③ 各方都互不信任，包括不信任规则；④ 各方都丧失谈判的兴趣与理性。[2] 在国内，部分自媒体罔顾事实，为吸引眼球，瞄准一些社会事件，发表一些挑拨是非、制造矛盾、煽动网民情绪的内容，扰乱舆论场，挑战政治和社会秩序，必须加

[1] 徐瑞朝，曾一昕．国内信息过载研究述评与思考［J］．图书馆学研究，2017（18）：21-25，60.

[2] 薛一飞．真相迷失与价值重建：“后真相”社会及其风险［J］．四川大学学报（哲学社会科学版），2021（4）：40-47.

以整治。

二、社会协调负面功能

按照结构功能主义的观点，社会可以被视为一个有着分工和协作的有机体，而传播在社会各部分之间起到协调、沟通的作用。没有传播活动，社会就无法正常运转。媒体不仅能够让我们了解外在环境的情况，还能够按照一定的方式对相关信息进行加工、整合，给我们提供不同视角的解释，凝聚共识，形成舆论，避免社会陷入分裂。媒体不但可以传递信息，还可以解释世界，告诉我们这些信息的内涵是什么。社会协调功能涉及媒体对新闻的选择与解读如何影响社会对新闻的理解与回应。我们对政治议题、社会事件、公共政策等问题的态度在一定程度上受到新闻框架和呈现方式的影响。容易被人们忽略的是，新闻报道往往带有倾向性。媒体会选择有利于己方立场和利益的方式进行报道，"篡改"修辞和事实去建构意义。近些年来，一些境外媒体屡屡玩弄"双标"伎俩，对中国进行各种恶毒的攻击，对发生在本国国内和同盟国家的同类型事件则文过饰非。在这种背景下，不良信息则会提供对事件的错误解释，歪曲价值观念，传递错误社会规范，误导我们的行为反应，比如，对暴力、色情内容加以美化，肯定拜金、享乐的生活方式。

在信息传播过程中，还存在"意见领袖"。按照拉扎斯菲尔德（Paul Lazarsfeld）的经典观点，"意见领袖"与两级传播相伴而生。"意见领袖"原指普通人，他们活跃于人际传播网络中，经常为他人提供信息、观点和建议并施加影响。在网络时代，"意见领袖"主体不局限于个人，也包括媒体和其他社会组织，它们在舆论中的作用被放大，是两级传播和多级传播中的重要节点，起到承上启下的作用，其中有一些本身就是信息源头。有学者结合中国社交媒体的发展，将 20 年间国内网络"意见领袖"的变迁分为 BBS 与博客时期、微博时期和"后微博"时期，而变迁集中体现在他们的身份群体特征、网络表达、商业性、公共性、组织性、网络行为等方面。[1] 网民在网络上享有言论自由的权利，但自由绝不是无限的、绝对的，绝不能够违反法律法规和道德规范。遗憾的是，一些网络“意见领袖”尽管拥有话语权和影响力，却不顾行为失范，造成严重的负面社会效应。这种传播失范现象必须加以整治。

三、文化传递负面功能

媒体有能力教导人们社会中存在的各种正确的规范、规则和价值观，并确保它们从这一代传到下一代。从总体上说，媒介内容记录和反映了当时的社会，并促进了人们对社会文化遗产的了解。赖特将这一行为概括为“社会化”，即通过媒体，得到广泛认可的价值观和文化得以扩散传播，帮助人们实现社会化。作为重要工具，媒体特别是网络媒体极大地影响了受众的社会化进程，引导了受众的社会态度、社会行为、生活方式等。青少年是当之无愧的网络“原住民”。网络深度介入了他们的社会化进程。互联网所传递的态度、价值观在青少年的心灵深处打下了深刻的烙印，并影响了他们的一生。

美国学者帕斯（E. M. Perse）在其著作《传播效果和社会》（*Media Effects and Society*）中指出：通过其社会化功能，大众传媒教授和强化社会价值观。因为社会化涉及学习社会的价值和规范，所以社会化主要发生在人们生活的特定时期。儿童因为几乎没有人生阅历，是社会化信息传播的主要目标。但是，只要进入新的生活阶段或尝试新的生活方式，社会化就会发生。人的一生都处于社会化进程之中，而青春期是特别重要的阶段，处在这一时期的青少年即将成长为成年人，不断体验着新的自由、新的关系和新的责任。需要注意的是，大众媒体只是社会化信息的几个来源之一。其他的，如家庭、同辈团体、学校等则可以提供更直接和富有个性化的社会化信息。然而，大众媒体很容易被大群人接

---

〔1〕涂凌波. 草根、公知与网红：中国网络意见领袖二十年变迁阐释［J］. 当代传播，2016（5）：84-88.

触。对于儿童而言，最令人担心的负面影响集中在电视这一媒体上，因为它为大多数孩子所使用，而且观看场所主要在家里，儿童只需要有限的技能就能观看和理解。帕斯讨论的是网络时代之前的儿童社会化问题，显而易见，当今时代，互联网新媒体已经成为影响儿童、青少年社会化的重要因素之一。这种社会化功能其实对应的就是默顿关于媒介提出的教育功能。

青少年使用媒体作为实现自我社会化的一种工具，媒介则发挥着独立于家长和其他成年人的作用。随着互联网的普及，学术界开始表达关于网络不良信息负面影响青少年社会化的忧虑。在前互联网时代，青少年主要表现为被动地接受社会影响，家人、媒体是影响青少年社会化的动因。在互联网时代，交往更为平等，人际交流呈现双向特征。青少年也可以参与文化创作，继而改变社会文化。要实现人的社会化，就要通过各种社会交往，融入社会关系之中。社会化被视为贯穿人一生的过程。社会化使一个人形成自我意识，并使其了解其在社会结构中的地位。

中华人民共和国成立以来，党和政府高度重视文化建设工作。大量文化艺术领域的优秀内容对于受众的社会化进程起到了重要的推动作用。在我国，坚持马克思主义新闻观的新闻舆论、主旋律文艺作品起到了传播正能量、弘扬真善美的作用。优秀的少儿电视节目深入贯彻主流价值观，旨在引导少儿通过观看，学习良好的行为和道德标准。在各类媒体中经常可见的公益广告则同样是精神文明建设的有效载体。我国的公益广告的内容涉及中国梦、爱国、爱党、传统美德、环保等题材，非常值得青少年学习。在互联网时代，媒体传播社会主义核心价值观的渠道更加多样，形式更加灵活。比如，将社会主义核心价值观嵌入算法，充分利用科技的力量实现个性化内容推荐。通过媒介，不同民族的人凝聚在一起，形成文化、民族和国家层面的共识，促进社会整合。

但与此同时，不良信息却在破坏这一进程，瓦解社会主流价值观，阻碍青少年的社会化进程，危害青少年的身心健康。传播学和心理学的研究表明，人们倾向于接受媒体所展示的世界，接受媒体所传递的知识、价值观念和行为规范。互联网空间中经常可见违背社会主义精神文明建设要求、违背中华民族优良文化传统与习惯，以及其他违背社会公德的内容。这对于网络用户特别是青少年用户产生了很大的威胁。举例来说，网络上弥漫着的物质主义、享乐主义气息，明显与传统文化中崇尚勤劳、节俭的价值理念相违背。这类内容会误导青少年的消费观念，因此，必须加以规制。

四、娱乐功能和经济功能失调

娱乐功能是指媒介所具有的娱乐身心、丰富人的精神文化生活、使人心情放松的作用。然而，对娱乐的追求很容易超过限度：首先表现为人们在娱乐方面消耗的时间过多，浪费了很多精力；其次表现为娱乐内容日益低俗，片面追求娱乐消遣而丧失了传播品位和伦理；最后表现为大众媒体的泛娱乐化，不仅题材上过于泛滥，而且涉及的领域也变得宽泛，除文艺、体育领域之外，就连严肃新闻的报道也被娱乐化。

媒介的娱乐功能具有麻醉性的负面作用，它占据大量时间，使受众丧失思考能力和行动力，丧失对社会的鉴别力。不良信息迎合部分人的低级趣味，很容易吸引涉世未深的青少年沉迷其中，麻痹他们的精神。在虚拟世界，无数青少年沉迷于网络游戏，严重者成为“网瘾少年”。网络游戏经过精心设计，具备互动性、沉浸性、仿真性和社交性，且操作便捷，极容易使人欲罢不能。青少年沉迷于游戏，不仅会影响学业，就连身心也会受到很大伤害。在一些缺乏批判精神的人眼中，娱乐性甚至成为检验文化产品价值的标准。近些年来，资本入侵文艺圈，在片面强调盈利的思维下，催生了很多不正常的文化现象。例如，资本能够迅速“造星”，先挑选有流量潜质的年轻人，通过购买“热搜”、炒作话题、打造人设并操纵舆论，在短时间内将其捧红。青少年在这过程中，被引导追星、消费。不良“饭圈”文化不仅消耗大量金钱，还污染青少年的精神世界。面对文艺乱象，国家相关管理机构也意识到过度娱乐化的危害，很快采取了相应措施。2021 年 9 月，国家广播电视总局办公厅发布《关于进一步加强文艺节目及其人员管理的通知》。该通知明确要求各机构和平台坚决抵制违法失德人员，不得播出偶像养成类节目，不得播出明星子女参加的综艺及真人秀节目；坚决抵制不良“饭圈”文化；树立节目正确审美导向，严格把握演员和嘉宾选用、表演风格、服饰妆容等，坚决杜绝“娘炮”等畸形审美；坚决抵制炒作炫富享乐、绯闻隐私、负面热点、低俗“网红”、无底线审丑等泛娱乐化倾向。

与娱乐功能失调相伴的是经济功能失调。尽管青少年大多没有任何经济收入，然而，由于家庭普遍溺爱，加之受到错误消费主义的影响，缺乏正确金钱观，部分青少年在花钱时往往不顾后果，大手大脚，多出于炫耀、贪图享乐等目的进行非理性消费。在社交媒体流行的今天，“粉丝经济”大行其道。各种“意见领袖”不仅可以收获大量流量，还能带动巨额消费。以直播带货为例，各主播声情并茂的宣传极大地刺激了用户的消费欲望。

如今，我们常常能够看到青少年利用短视频、直播行业中流行的打赏功能刷礼物的行为，甚至一些无良主播还诱导青少年打赏。而在网络游戏中，很多青少年玩家为了充值点卡、购买道具也花费巨大。青少年的消费市场的确很大。相关部门需要对相关企业进行规范和监督，并对青少年消费者进行合理约束和引导。

五、麻痹神经的负面功能

互联网上充斥着大量娱乐休闲的内容。这些内容对青少年的诱惑极大。笔者调查发现，青少年使用互联网，往往以消遣娱乐为主，并非基于学习或其他工具性的需求，结果白白消耗了大量的时间和精力，不仅未从中受益，反而影响身心健康。在互联网普及之初，网络成瘾，尤其是网络游戏成瘾现象在青少年群体中频频出现。如今，各个群体中都出现了过度使用网络的景象。我们经常能够见到身边的一些人终日沉迷于手机，在短视频、直播中不能自拔。对网络过度使用的现象，社会各界普遍表达了忧虑，比如，一些人将网络游戏称为“精神鸦片”。围绕着网络过度使用的现象，学术界也产生了大量的研究成果。学者们主要关注研究对象的概念内涵、判定标准、病理机制和预防机制。

传播学领域内的学者很早就意识到媒体会对人们的精神文化层面产生伤害。传播学“四大”先驱之一的拉扎斯菲尔德和其合作者默顿提出了大众传播的流行使得受众满足于肤浅表层信息，媒体具有“麻醉神经”的负面功能的观点。在他们看来，随着大众传播媒体的普及，受众每天都耗费大量时间在媒体上，在现实社会生活中却变得冷漠和懒惰。尽管受众收到了大量有关时事的信息，但他们的关注可能只是表层化的。有兴趣和有见识的受众可以为自己的高瞻远瞩和有见识而沾沾自喜，却忽视了自己已经放弃了决定和行动。简而言之，受众把阅读、聆听和思考作为接触政治世界的第二种方式，它替代了实际行动。互联网应用琳琅满目，产品设计重视用户思维。当受众基于各种动机、需求去使用时，很容易沉浸在其中。对于青少年而言，网络使用带来的负面效应包括思考能力下降、审美标准混乱、大量时间被消耗，以及产生虚幻的满足感从而丧失行动能力。

受众理论强调个体基于兴趣偏好在媒介选择上具备主动性，存在选择性注意、接触和记忆的现象。这种选择会导致受众的接触信息范围变窄，从而使其陷入“信息孤岛”，不能全面认识世界。随着智能媒体的蓬勃发展，算法成为新的传播伦理议题，“信息茧房”现象日益严重。对于青少年而言，“信息茧房”的负面作用不仅体现在扰乱认知方面，也会使得青少年丧失思考能力，无法正常参与社会公共生活。

第二节　网络不良信息在青少年个体层面的危害

“青少年”这个称呼强调的是年龄概念，不同研究对其界定存在一定的差异。青少年期又被称为青春发育期，通常是指十一二岁至十七八岁这一时期。处在这一阶段的，多为初中和高中阶段的学生。青少年正处于身心巨变的阶段。一方面，身体在快速成长，尤其是青春期到来时，躯体方面发生很大变化，骨骼、肌肉快速成长，生殖系统趋向成熟，第二性征开始出现。另一方面，青春期又是心理发展的重要时期。在这一时期，青少年的智力、情绪、情感和社会化方面都迅速发生变化。情绪和情感比较强烈，带有两极性，经常表现出反抗情绪、心态不平衡。林崇德指出，青少年期的生理、认知和情感变化的特点，决定着这一时期的社会化发展。青少年社会化的任务主要表现为六个方面，分别为追求独立自主、形成自我意识、适应性成熟、认同性别角色、社会化的成熟，以及定型性格的形成。[1] 媒体在青少年社会化过程中发挥了重要作用。青少年社会经验不足，心智发展过程中的他们面对不良信息时表现得更为脆弱，难以辨别对错是非，容易受到不良信息的负面影响。

伴随着互联网与青少年联系的日益密切，社会各界对不良信息负面效应的忧虑不断加剧。而在媒体关于越轨青少年的报道中，尤其是犯罪新闻中，经常会提到网络沉迷、网络成瘾的问题。在一定程度上，媒体暗示了青少年之所以迈上错误的道路，部分或者全部原因出于他对于互联网的不恰当使用。站在社会科学的角度，媒体在叙事时带有着一种因果推论的意味，也即说明错误的网络使用行为导致了青少年行为失范。大量研究也表明，不良信息是导致行为失范的重要原因，或至少是原因之一。而负面影响不局限于行为，其危害更多地体现在影响青少年的认知、情感、态度等方面。这些方面虽然不如行为直观，不容易引起社会公众的警觉，但是负面效果不容小觑。探索不良信息的社会影响和相关机制，不仅有助于从学理上认识这一社会现象，对政策制定也有重要的参考价值。在本节中，笔者梳理了不良信息对个体发展过程产生负面影响的相关文献。从本质上讲，相关研究属于传播效果的研究范畴，相关领域也得了传播学经验学派的长久关注。

一、态度和价值观

很多实证研究探索了接触不良信息与受众态度、价值观之间的关系。比如，面对网络色情信息的泛滥，普通人对其带来的消极后果的担忧主要是基于这样一种假设，即年轻人可能会对性行为产生不切实际的

---

〔1〕 林崇德．发展心理学［M］．杭州：浙江教育出版社，2002：397.

想法或不良的行为模式。而因果关系的科学分析需要建立在实证研究的基础之上。说服学相关理论指出：相比于单纯的数据，人们往往更容易被故事说服。不良信息不仅提供了感官上的刺激，同时也提供了一种错误的叙事模式：在网络中，人们的好色行为、暴力行为往往得到的是肯定，而不是否定。

大量文献表明，接触色情内容的确会影响青少年的态度和价值观，主要是性、婚恋和家庭观念。接触色情内容更为频繁的人，更有可能持有开放的性态度，例如，接受婚前性行为。这类人易忽视女性的权利，忽略性暴力犯罪的危害性，对待恋爱、婚姻也缺乏严肃的态度。在性态度研究方面，齐尔曼（Zillmann）和布莱恩特（Bryant）在 1988 年的研究中把 160 位大学生平均分配到对照组和实验组，安排实验组连续 6 周每天收看 1 个小时的色情录像带。结果发现，和对照组相比，实验组的实验对象更易接受婚前性行为和婚外性行为，以及更能容忍亲密关系之外存在性关系。[1] 马拉姆斯（Malamuth）和切克（Check）两位学者在 1985 年的研究则用实验法测试了媒介色情内容与男性强奸迷思的关系。所谓“强奸迷思”（rape myths）是公众对于强奸、强奸受害者、强奸者错误或虚假的信念。强奸迷思使得人们以为强奸中的受害者也应该为强奸负责。他们的研究发现，如果男性被测试者收听到的内容中有描绘女性被强奸时有性唤起的情况，则他们更有可能有强烈的强奸迷思信念。他们指出，有暴力侵犯倾向的男性更容易被媒体影响到强奸迷思。[2] 2006 年，通过调查研究和统计分析，彼特（Peter）和瓦尔肯堡（Valkenburg）探索了网络色情对青少年的影响。基于对荷兰 471 名青少年的调查，他们的研究同样发现，青少年观看网络色情频率越高，其性态度则越随意；相比于女性，男性更容易相信网络色情的内容是真实的。[3] 2008，这两

〔1〕 ZILLMANN D, BRYANT J. Effects of prolonged consumption of pornography on family values [J]. Journal of Family Issues, 1988, 9(4): 518-544.

〔2〕 MALAMUTH N M, Check J V. The effects of aggressive pornography on beliefs in rape myths: individual differences[J]. Journal of Research in Personality, 1985, 19(3): 299-320.

〔3〕 PETER J, VALKENBURG P M. Adolescents' exposure to sexually explicit online material and recreational attitudes toward sex[J]. Journal of Communication, 2006, 56(4): 639-660.

位学者又对荷兰 2 343 名年龄在 13—20 岁的青少年展开调查。他们发现，接触网络色情的频率和性迷失（sexual uncertainty，性迷失指的是青少年对于性的信念和价值不清楚的程度），以及对不受约束的性探索态度（attitudes toward uncommitted sexual exploration，如保持随意性关系和发生一夜情）都呈现正相关。[1] 在文化背景存在差异的亚洲地区开展的研究也发现色情内容会损害青少年正确的性态度和家庭价值伦理观念。有一项在中国台湾地区针对青少年群体开展的研究结果表明：无论对于传统媒体色情还是网络色情，接触相关内容频次越高的青少年，越倾向于接受婚前性行为态度、婚外情态度，以及越有可能实施性放纵行为。[2] 李世强、孙铃、李季则借鉴涵化理论和孤独感模型，认为接触暴力媒介会降低个体的社会信任和社会支持，致使其他人不愿意与之交流，并最终导致正常的社交需求无法满足。这项研究探索性地将暴力媒介接触和孤独感问题联系起来，发现大学生接触媒体的暴力程度与孤独感存在正向关系。[3] 段东园、张学民、魏柳青等以大学生为测试对象，结果发现，暴力媒体对攻击行为的预测作用显著，且不同媒体形式上存在差异，暴力游戏的作用显著强于暴力电视和暴力电影等。除此之外，研究还发现，规范信念可以有效预测攻击行为，在暴力媒体接触程度和攻击行为间、在移情和攻击行为间担任中介角色。[4]

而除了色情和暴力内容之外，还有很多研究基于涵化理论的视角，同样发现媒体中特定类型的内容可以影响青少年特定的价值观念。比如，有很多研究发现接触真人秀较多的青少年，更倾向于持有物质主义的观念，其生活满意度水平更低。还有一些研究发现，网络使用频次会

---

〔1〕 PETER J, VALKENBURG P M. Adolescents' exposure to sexually explicit internet material, sexual uncertainty and attitudes toward uncommitted sexual exploration: is there a link? [J]. Communication Research, 2008, 35(5): 579-601.

〔2〕 VEN-HWEI L O, RAN W. Exposure to internet pornography and taiwanese adolescents' sexual attitudes and behavior[J]. Journal of Broadcasting & Electronic Media, 2005, 49(2): 221-237.

〔3〕 李世强，孙铃，李季．大学生暴力媒体接触与孤独感的关系［J］．心理与行为研究，2015，13（3）：361-366.

〔4〕 段东园，张学民，魏柳青，等．暴力媒体接触程度对攻击行为的影响：规范信念和移情的作用［J］．心理发展与教育，2014，30（2）：185-192.

影响使用者的幸福感。

二、行为

（一）攻击行为

攻击行为通常是指一种有意伤害他人（包括心理、身体伤害）的行为，实施攻击行为的个体直接给他人造成某种伤害并且意识到这种伤害的危害性。在将近100年的时间里，学术界关于媒体中的暴力内容与攻击性的关系展开了持久的讨论，被确定的因果关系不断遭遇挑战。目前，学者们主要以一般攻击模型和催化剂模型两种主要的视角看待这一问题。但大家一致认同的是，暴力内容对青少年的攻击行为是产生影响的，无论其是否是前因变量。早期青少年遭遇的暴力内容通常是通过电视、电影获取的，缺乏交互性。而随着信息时代的来临，沉浸感、交互性更强的媒介暴力内容，如暴力类型的网络游戏，在青少年群体内日益流行，这引起了学者们的密切关注。在相当长的一段时间内，学术界关注的重点都在分析媒体中的暴力、色情内容与受众攻击行为之间的关系上。尽管曾有学者鼓吹观看暴力内容有助于降低攻击行为，但现有的大部分研究都不支持这一观点。相关研究主要着眼于以下理论模型展开。

1. 脱敏效应

从词源上讲，“脱敏”一词源于临床心理学中的系统脱敏治疗。其含义是指当反复面对一个会导致焦虑、恐惧的刺激时，焦虑、恐惧等负面情绪反应逐渐消退的现象。暴力脱敏是指持续暴露于暴力刺激下的情绪反应钝化现象，相关研究主要在生理上聚焦于皮肤电、心率的减低和血流量的减少三个指标。〔1〕各类媒体中暴力内容随处可见，长期浸淫在这样的媒介环境中，青少年会对现实生活中的暴力场景脱敏，也就是说，会认为使用暴力手段是顺理成章的，对于暴力场景更加不敏感。

---

〔1〕郭晓丽，江光荣，朱旭．暴力电子游戏的短期脱敏效应：两种接触方式比较［J］．心理学报，2009，41（03）：259-266.

2. 宣泄效应

在涉及性的方面，宣泄理论认为，关于色情内容的消费可以缓解性冲动，而观看色情杂志或视频表演是一种不完美的替代真实行为的方式。心理学概念上的“宣泄”通常指的是释放强烈情绪（如怜悯或恐惧）的行为或过程。在传统意义上，学者们鼓励人们通过宣泄来释放愤怒情绪和攻击冲动，但这一观点没有在实证研究层面获得足够的证据支持。19 世纪末，学者们将“宣泄”这一概念应用于心理治疗领域，之后对于攻击行为的研究开始关注这一概念。实际上，宣泄理论自提出之始便遭遇了质疑，被指与一般学习理论相违背。1973 年，班拉拉（Albert Bandura）强烈呼吁暂停宣泄理论的研究及其在心理治疗的应用。此后，宣泄理论又接连遭受到了来自社会学习理论和社会认知模型研究者们的严厉批评。国内学者詹鋆、徐宏子、任俊等梳理了关于直接宣泄、间接宣泄和目标宣泄方面的研究，其中就包括涉及媒介暴力方面的文献。他们指出，宣泄不但不能降低愤怒反而会通过认知加工等因素加强攻击性。[1]

3. 一般攻击模型（General Aggression Model，GAM）和催化剂模型（Catalyst Model，CM）

随着对媒体暴力影响机制研究的深入，当前学术界主要持两种观点：一种观点认为，媒介暴力增加了攻击行为；另外一种观点认为，媒介暴力不会直接作用于人们的行为。前者的代表为一般攻击模型。后者的代表则是催化剂模型。一般攻击模型是一个全面的、综合的、理解攻击行为的框架，它综合考虑了社会、认知、人格、发展和生物因素在攻击中的作用，并且吸收了以往的社会学习理论、脚本理论、认知神经连接模式、兴奋迁移理论和社会互动理论。该模型研究者认为，人类的攻击行为受到知识结构的严重影响，知识结构影响着各种社会认知现象，包括知觉、解释、决策和行为。一般攻击模型从攻击行为的发生过程和

〔1〕 詹鋆，徐宏飞，任俊，等．心理宣泄究竟是有益还是有害?：宣泄的心理干预效果及潜在危害［J］．心理科学进展，2020，28（1）：22-32．

攻击性人格的形成过程两个方面，阐明了个人因素与社会环境因素的相互作用对个体的长期影响，分析了攻击行为产生、维持和发展的影响因素及其机制，并将影响过程分为三个阶段——输入阶段、路径阶段和结果阶段。这些可以用来解释短期和长期接触媒介暴力内容的效果。[1]有趣的是，关于暴力内容的影响效果问题近些年来在研究上有了新的变化。一般攻击模型遭到了质疑。弗格森（Ferguson）等提出催化剂模型。该模型为理解暴力与攻击行为的关系提供了另外一种思路。催化剂模型否认媒体展示的暴力内容和受众暴力行为之间存在因果关系，认为家庭暴力和人格特质等因素才是影响青少年产生攻击行为的前因变量，媒介暴力只是起到“催化剂”的作用，基因与环境的交互作用才是产生攻击行为的主要前因变量。也就是说，青少年可能会模仿他在电子游戏中看到的暴力行为，但如果电子游戏被从他的模仿机会内移除，暴力仍然会以另一种形式发生。暴力电子游戏并不会导致暴力行为，但可以影响暴力的具体类型。[2]需要说明的是，社会科学中经常存在一些伪相关关系，造成因果解释时出现错误。这里面涉及的“第三变量”问题，也就是说，两个变量的关系受到与两者都有关系的第三个变量的影响，导致因果关系是虚假的。学理探索不仅有助于人们认识社会现象，对于决策者制定公共政策也显得非常重要。正如邢淑芬、蒋莹、王丹旸等所指出的：“假如媒体暴力是犯罪的直接原因，公共政策应主要集中于控制媒体内容和儿童青少年的获取途径。假如媒体暴力仅仅是犯罪的催化剂，公共政策应主要集中于如何减少具有高犯罪风险个体的犯罪可能性，而不是他们接触媒体暴力的可能性。”[3]

---

〔1〕 ANDERSON C, BUSHMAN B. Human aggression[J]. Annual Review of Psychology, 2002, 53(1): 27-51.

〔2〕 FERGUSON C J, RUEDA S M, CRUZ A M, et al. Violent video games and aggression: causal relationship or byproduct of family violence and intrinsic violence motivation? [J]. Criminal Justice and Behavior, 2008, 35(3): 311-332.

〔3〕 邢淑芬，蒋莹，王丹旸，等．催化剂模型：媒体暴力真的可以预测社会暴力？［J］．心理科学，2016，39（6）：1485-1491.

（二）媒介色情导致的行为

在色情效果方面，基于实验法和问卷调查法，学术界也普遍发现，色情消费可以促进个体的攻击性。一些文献把暴力色情内容作为实验刺激，以电击作为攻击性的测量，研究关于含有暴力内容的色情产品对人攻击性的影响。比如，唐纳斯坦（Donnerstein）在1980年的研究考察了男性大学生在接受攻击性色情内容刺激之后的反应。实验对象分别观看含有攻击性色情内容的电影、中性电影和含有一般色情内容的电影，并通过电击表达其侵略性。结果显示，含有攻击性色情内容的电影最能提高实验对象的攻击性。〔1〕在很长一段时间里，学术界特别关注色情内容消费与犯罪之间的关系，但研究结论普遍不支持色情导致犯罪的假设。很多与色情内容消费相关的研究结果显示，被定罪的罪犯使用色情媒体的可能性反而更小，或者至少和普通人没有差异。戈德斯坦（Goldstein）的研究采用访谈法，样本包括被定罪的男性强奸犯、恋童癖者、同性恋者、变性者、重度色情用户，以及一个社区控制组，以评估其在青春期和成年期对照片、电影和书籍中的色情内容的体验。与对照组相比，非异性恋和有侵犯行为的青少年接触色情作品的次数明显较少。而成年性犯罪者和变性者报告说他们接触色情刺激的次数比对照组要少。〔2〕朗之万（Langevin）的研究得到的结论与之类似。他同样发现，相比于性犯罪者，作为控制组的社区志愿者接触色情反而更为频繁。只有10.3%~26.9%的性犯罪者在他们的生活中经常使用色情媒体。〔3〕

同样是关注犯罪问题，还有一些研究则从社会的整体性出发，站在宏观人口的角度，使用现存统计资料分析法，借助文献资料对历史数据进行分析，关注色情内容在合法环境下的丰富状态和非法环境下的缺乏状态两个时段的社会状况。在研究方法上，现存统计资料分析是指以现

---

〔1〕 DONNERSTEIN E. Aggressive erotica and violence against women[J].Journal of Personality and Social Psychology,1980,39(2):269.

〔2〕 GOLDSTEIN M J. Exposure to erotic stimuli and sexual deviance[J].Journal of Social Issues,1973,29(3):197-219.

〔3〕 LANGEVIN R,LANG R A,WRIGHT P,et al. Pornography and sexual offences[J].Annals of Sex Research,1988,1(3):335-362.

存的统计资料作为研究本身的数据和资料的一种分析方法。换句话说，研究者靠现存的统计资料去分析色情读物大量存在或少量存在时社会中发生了什么，或者去分析在一个整体社会中，色情内容丰富程度不同的地域之间的差异。丹麦哥本哈根大学教授库钦斯基（Kutchinsky）在性学和犯罪学领域建树颇丰，以研究色情对公共健康的影响而闻名。通过现存统计资料分析法，他在色情与犯罪方面留下了很多经典研究，其得出的相关结论都不支持色情作品对犯罪的影响。库钦斯基的学术生涯恰好经历了欧洲国家在色情政策上的转变。他在一篇论文中强调：丹麦、瑞典和联邦德国先后于1969、1970和1973年将色情作品合法化；在美国各州，色情作品尽管尚未合法化，但在所有主要城市似乎都很容易获得。而从统计数据看，在1964—1984年间，丹麦、瑞典、联邦德国在强奸率上变化不大。联邦德国的数据保持平稳；丹麦和瑞典的数据从20世纪70年代中期有轻微增加，但这种增长可能由于妇女与警察对强奸问题认识水平的提高，导致报警和登记人数增加；唯一显著增加的是美国，统计数据表明强奸案和袭击案在美国几乎保持了同步增长。这些国家中，没有发生强奸案的增长超过非性暴力犯罪增长的现象。研究者认为，相关发现足以驳斥色情导致强奸的假设。[1] 除此之外，有一项发表于1984年的研究发现，在日本，色情类信息在主流媒体内经常可见，而美国的主流媒体上则较少刊登色情类信息，可尽管如此，美国强奸案的发生率却是日本的14倍左右。除了社会、文化等因素之外，研究者解释，日本人视色情内容为一种发泄的渠道，它们提供了一种对于社会规范内不允许行为的满足。然而，也有同类型研究提出相反的结论。一项使用了7个国家的数据的研究发现，色情作品的可获得性与性犯罪率之间存在正相关关系。[2] 与之类似的，在研究媒介暴力方面，

---

〔1〕 KUTCHINSKY B. Pornography and rape: theory and practice?: evidence from crime data in four countries where pornography is easily available[J]. International Journal of Law and Psychiatry, 1991, 14(1-2): 47-64.

〔2〕 COURT J H. Pornography and sex crimes: a re-evaluation in the light of recent trends around the world[J]. International Journal of Criminology and Penology, 1976(5): 129-157.

有学者也通过现存统计资料进行分析。在分析电影与社会现实中的暴力问题方面，弗格森通过复杂、精妙的研究设计，以内容分析法分析电影和电子游戏中的暴力元素，并探索其与恶性犯罪率之间的关系。结果显示，在20世纪中期，美国电影暴力和谋杀率之间存在程度不高的正相关关系，这一关系在20世纪早期和20世纪后期都恰恰相反：电影中的暴力率与谋杀率成反比。而暴力电子游戏消费则与青少年暴力犯罪呈现负相关。研究表明，媒体暴力的社会化模式可能不足以让我们理解媒体和消费者行为之间的互动关系，至少在严重暴力方面是如此。[1] 当然，现存统计资料分析法存在一定方法论上的缺陷。以往这些研究者在探讨色情内容的流行与犯罪的关系的解释上偏于主观，经常就单一变量（如强奸发生率）的发展趋势展开讨论，缺乏更深层次的分析，也较少纳入其他变量。事实上，在社会科学中，判断因果关系是一件非常困难的事情，必须要体现出“控制”的思想，即排除其他可能用于解释结果的因素。在缺乏对其他变量进行控制的条件来讨论因果关系不可避免地会存在风险，对取得的结论是否可靠我们是存疑的。

社会科学致力于描述、解释社会现象。探索因果关系往往被视为社会科学的终极任务。但说起来简单，当面对复杂的社会环境时，论证社会现象的因果关系事实上非常困难。一般来说，实验研究、利用纵向数据进行研究往往是探索因果关系的首推方法。实验研究法的优点在于可以通过控制和操纵变量以揭示变量间的因果关系，能够创造特殊环境减少其他变量对于研究对象的干扰。而实验研究法也存在以下缺陷：一方面，对变量的操纵难以排除人为影响，实验情景中许多特定因素的作用也使得实验结果的推广程度受到限制；另一方面，实验研究无法排除所有无关变量的干扰，而无关变量可能给结果解释造成困难。此外，实验条件和现实环境总是存在区别的，因而实验研究很难验证长期性、累计性的媒介影响。当前涉及媒介内容接触对个体的影响问题的大部分研究

---

〔1〕 FERGUSON C J. Does movie or video game violence predict societal violence? It depends on what you look at and when[J].Journal of Communication,2015,65(1):193-212.

都是通过调查研究法进行的，调查尤其关注色情和暴力内容的媒介效果。但这些研究大多是通过采集横截面数据进行的。横截面数据在进行因果推断时存在天然的不足。尽管学者们改进了一些修正方法和技术，但难以从根本上解决问题。一些研究在增加成本的情况下，会选择使用纵向数据，纵向数据则是对同一对象在不同时段进行调查，并在不同时间收集到的数据。这种采集数据的方式避免了横截面数据的缺陷。其中面板数据价值更高，即对于同一批人在不同时点上进行追踪式的调查，尽量保证这一批人不脱离研究者的视野。一项在美国开展的研究使用纵向数据，探索了低年龄段，处于青春期的青少年涉性媒体使用和两年后的性态度、性行为之间的关系。这里的涉性媒体指的是 X 级电影、色情杂志和网络色情。研究发现，相比女性，男性更有可能观看涉性媒体。纵向层次回归结果显示，无论男女，在基线数据中接触色情内容的青少年，在两年后更有可能发生性行为。〔1〕

需要指出的是，尽管实证研究在探索色情、暴力影响个体行为方面得到的结论并不一致，但这绝不意味着不良信息是无害的。现有研究纷纷表明，不良信息可以影响人们的态度、价值观。社会心理学领域的文献普遍指出，态度和行为之间关系非常密切，在一定情景之下，态度可以影响行为。大量的实证研究表明，不良信息对于个体，特别是青少年有着不可忽视的负面影响。除文化部门和互联网管理部门之外，学校、家长和青少年本人也必须重视相关问题。笔者在本节中所讨论的内容均基于实证研究的探索。然而，对同一问题的研究既可以采用实证研究，也可以采用思辨研究。关于不良信息的问题，事实判断只是其中的一种视角。基于价值判断而言，社会主义国家的传媒与文化产业天然肩负了宣传教育、社会动员的历史使命，应当自觉抵制违法违规的文化内容。人民群众有权利接受高品位的传媒和文化产品，他们也需要清朗的网络环境。

---

〔1〕 BROWN J D, L'ENGLE K L. X-rated: sexual attitudes and behaviors associated with US early adolescents' exposure to sexually explicit media [J]. Communication Research, 2009, 36 (1): 129-151.

第四章

网络不良信息的治理：理念、历史与制度创新

1994 年，互联网进入中国，国内随即开始了对于互联网治理的本土化探索。几十年来，相关制度在不断变迁中日益完善，对违法和不良信息的执法工作始终保持着高压态势。在立法方面，围绕着网络治理，我国出台了大量的法律、法规、规章、规范性文件。2016 年，《中华人民共和国网络安全法》（以下简称《网络安全法》）的颁行具有里程碑式的意义，解决了以往互联网立法分散、层次较低等的问题。如今，我国在网络非法有害信息的治理上已经初步建立起了完整的法律体系，具体体现为：① 初步形成了稳定的界定模式；② 明确了网络服务提供者的信息内容治理义务；③ 规定了周密的法律责任。〔1〕 2020 年 3 月，由国家网信办室务会议审议通过的《网络信息内容生态治理规定》得以施行，突出了政府、企业、社会、网民等多元主体参与网络生态治理的主观能动性。该规定系首次以“内容生态治理”为目的的互联网规章，明确了作为网络生态治理管理相对人的网络信息内容生产者、网络信息内容服务平台、网络信息内容使用者三方的权利与义务，为用户和企业进行自主生态治理提供了参考指南，“标志着新时代背景下我国网络信息内容生态治理工作走向新阶段”〔2〕。网络治理主体的权利与义务的明确，夯实了治理框架建构的基础。除了法律规制之外，我国还广泛采用了行政监管和社会化监督的规制手段。面对不断出现新表现形式和新传播方式的网络不良信息，我国的网络信息内容生态治理工作不断推陈出新，主体责任不断明确，治理工具不断丰富，成效逐渐显露。

第一节　不良信息的治理与公共利益

出于道德等多方面原因的影响，从世界范围来看，不良信息普遍遭遇了长期抵制。中国古代也有针对淫词小说、淫曲淫戏的戒令，比如，

〔1〕 陈道英. 我国互联网非法有害信息的法律治理体系及其完善［J］. 东南学术，2020（1）：222-228.

〔2〕 林爱珺，章梦天. 网络内容生态治理的多元主体责任规制［J］. 新闻爱好者，2021（4）：14-16.

明清统治者强力禁毁《金瓶梅》。但现代意义上关于不良信息的治理工作则是发轫于大众传播媒体普及之后。社会科学往往立足于社会现实。早在 20 世纪 20 年代，美国佩恩基金就资助了一大批研究，用以探索电影内容对未成年人的影响问题。此后，围绕着网络不良信息问题，不同背景的研究者做了大量研究，其中很多研究关注的是不良信息治理和公共利益问题。

自由是人的天性。言论自由作为公民的一项基本人权，受到国际人权条约和国内宪法的保护，与人类的生存发展、社会进步息息相关。尽管宪法赋予了公民言论自由权，但自由不是没有边界的。从全世界范围看，政府规制言论是必然趋势，而权益衡量是规制言论的基本逻辑。相关部门在制定规则时要注重在表达权、知情权与公共利益三者之间取得平衡。

关于媒介体制的讨论，最为经典的读本无疑是希伯特（Fred S. Siebert）、彼得森（Theodore Peterson）和施拉姆三人合著的《报刊的四种理论》（也被译为《传媒的四种理论》）。这本诞生于 1956 年的著作，梳理了人类历史上先后存在的四种媒介体制，开创性地讨论了媒介社会角色问题，着重讨论了不同社会政治制度下对新闻媒介的控制和新闻自由问题。该著作自问世以来，学术界对其所持的观点即进行了长久持续的批评，并不断进行修正、补充和颠覆。但毫无疑问，只要是涉及新闻传播体制的讨论就难以绕开《报刊的四种理论》。这足以见证此书的价值。笔者也是结合该书的内容来讨论不良信息的规制问题。

人们对世界的认知和理解很难脱离时代背景的限制，而社会理论通常与当时的历史现实存在密切关联。西方媒介制度经历了从自由主义理论到社会责任理论的转换。自由主义理论是在抗击封建专制背景下产生的，兴盛于 17、18 世纪资产阶级革命时期。地理大发现、科学突破、宗教改革、中产阶层的出现及启蒙思想的普及，无一不对当时占统治地位的、诞生于封建时代的威权主义产生挑战。随着资产阶级的兴起，对于言论自由的呼吁自然会牵扯到信息管制问题。当时的学者们充满了乐观主义的精神，出于与封建专制主义斗争的需要，他们都极力主张言论无限制的自由，如弥尔顿（Milton）主张“观点的自由市场”，认为真理越辩越明。当时学者们很少考虑暴力、色情等不良信息，更多关注的是与政治相关的言论表达。在这一阶段，自由主义理论对于大众传媒的地位和功能都具有重要的影响力。到了18世纪末，各国的基本法都将自由主义理论视为准则，并以法律条文的形式保护言论和出版自由。在思想家方面，弥尔顿、厄斯金（Thomas Erskine）、杰斐逊（Thomas Jefferson）和密尔（John Stuart Mill）都做出了重要贡献。一方面，尊崇自由至上主义的理论家强调，在各项媒介内容中，尽管存在虚假信息和不正确观点，但国家没有权力限制。他们提倡让公众完全沉浸在事实和观念的信息洪流中，由公众最终自主将其消化，并抛弃那些不符合他们利益的，也即“自我修正”过程。他们还指出，在民主社会中，公众经常会被灌输各种不同观念，但应该让每一个想发表意见的人发表观念，无论真假，应由公众做出最后的判断。另一方面，自由主义理论主张，遵循“自我修正”过程，以及信息、观点和娱乐市场的自由竞争，以非正式的控制手段来替代国家监管。

但是，伴随着西方社会演进至垄断资本主义阶段，传媒业很快被寡头垄断，言论被把持，传媒内容中出现了很多虚假信息，不仅经常侵害个人权益，而且日益庸俗化、肤浅化。这些不良现象引发了包括政府、学术界在内的整个社会的忧虑。和一些自由主义者反对以任何形式控制言论的观点不同，社会上的一些人开始意识到国家有权力保护社会的一些方面不受不良信息的伤害。社会责任理论认为，表达自由是一项带有义务性的道德权利。一个人对自己的良心承担义务是表达自由权利的重要基础。关于人性的理解方面，和自由主义理论过于相信人的理性不同，社会责任理论对于这种理性带有很大的质疑。

《报刊的四种理论》中所概括的社会责任理论，对于今天的媒介规制仍然具有很强的指导价值。社会责任理论源于自由主义理论，但有升级与改良。这个理论改变了人们近乎绝对的自由观念。社会责任理论是在传媒业受到商业资本影响，格调和品位出现下降时提出的思考。它强调传媒应该承担相应的社会责任，传媒机构应该将自己视为公共讨论的共同载体，并有责任呈现和阐明社会的目标和价值。显然，今天的传媒业也在遭遇类似的局面。社会责任理论承认传媒具有为经济制度服务的功能，但它不愿将此项功能置于那些推动民主进程或启发民智的功能之上。它承认传媒具有提供娱乐的功能，但是有一个附加条件，即这种娱乐必须是“好的”娱乐。强调媒体责任感绝不仅是资本主义国家的专利，媒介是天下的公器，涉及人民群众的根本利益。在社会主义国家，新闻媒体是党和人民的“耳目喉舌”，关系到信息传播、舆情发展和维护社会和谐稳定的作用，责任巨大。在互联网时代，媒体的引导舆论、弘扬主旋律、激发正能量的使命更应该得到确认和强化。媒体要在实践中落实社会主义核心价值观。互联网是一个巨大的能量场。一个清朗有序的互联网，可以维护社会秩序，促进社会进步，而网络良好生态的建立与维护需要多方力量的协同努力。

从全世界范围看，进入现代社会以来，言论自由是一种价值共识，但人们也普遍同时接受了言论自由存在边界的理念。从立法实践看，一方面鼓励、提倡、保护言论自由，另一方面又对言论实施必要的限制。例如，从美国的司法实践看，尽管《美利坚合众国宪法》第一条修正案禁止了政府制定剥夺言论自由的法律，但根据美国最高法院的解释，宪法保护的言论自由并非绝对，政府仍有一定的权力限制言论的表达，煽动即时犯罪、淫秽、殴斗、诽谤等某些特殊类别的言论不受宪法保护。[1] 从发展趋势上看，在互联网治理方面，世界各国普遍认同和接受国家对于网络的监管与治理，设定表达自由边界是通行做法。

言论、出版自由是我国公民享有的基本权利之一，受到《中华人民共和国宪法》（以下简称《宪法》）的确认和保护。我国已经签署的《公民权利和政治权利国际公约》，其第十九条便涉及言论自由的保障。中华人民共和国成立之后，先后颁布了四部宪法。1982 年通过的《宪法》为现行宪法，其第三十五条规定：“中华人民共和国公民有言论、出版、集会、结社、游行、示威的自由。”以上权利均与表达权利相关，

---

〔1〕 张毅．美国“言论自由”的边界［J］．美国研究，2020，34（5）：66-86，6.

被统称为表达权。除此之外，《宪法》第四十一条规定了公民对国家机关和国家工作人员有批评、建议、申诉、控告或者检举的权利，第四十七条规定了公民进行科学研究、文艺创作和其他文化活动的权利。以上权利也属于表达权的范畴。当然，任何自由都不是绝对的、不受限制的。《宪法》第五十一条规定："中华人民共和国公民在行使自由和权利的时候，不得损害国家的、社会的、集体的利益和其他公民的合法的自由和权利。"在网络言论自由方面，有国内学者总结："从义务的角度来看，公民享有言论自由的界限在于不损害与之相关的其他公民权益，意即公民行使言论自由的同时也负有不侵害他人权益之义务。从权力的角度来看，公民言论自由的界限是与'权力所代表的国家利益、公共利益'以及'权力所保护的其他权益'相互博弈后的结果。于此，探寻网络言论自由之范围与程度实质上是一个价值判断与价值选择过程，是一个不断进行权益衡量的过程。"〔1〕

中华人民共和国成立以来，针对出版行业随即开始了取缔淫秽书刊的专项行动。在整顿租书业和图书馆业的工作过程中，色情文学和淫秽图片被定义为资本主义文化。随着技术的发展，声讯台、影碟也陆续成为整治的对象。在互联网时代，网络迅速成为人们最为重要的表达空间，新媒体成为最有活力的媒体形态，其影响力迅速超过传统媒体。不良信息在网络世界中生产的速度更快、传播的范围更广、治理的难度更大。对于言论自由的关注自然也移向了网络空间。

互联网空间当然不是法外之地，通过立法限制传播内容是世界通行做法，主要发达国家都建立了完整的内容规制体系。我国颁布了一系列法律法规，明确了限制传播的内容、类型。但随着网络生态的变化，相关规制工作不断出现新的动向，保护范围不断扩大。例如，为加强对于英雄烈士的保护，维护社会公共利益，提倡爱国主义精神，培养、践行社会主义核心价值观，我国从 2017 年开始不断强化立法，完善对于英

〔1〕张雨，敖双红．论网络言论自由的界限：以权利与权力的关系为视角［J］．湖南师范大学社会科学学报，2016，45（3）：89-96.

雄烈士的名誉和荣誉保护工作。2017 年 3 月，《中华人民共和国民法总则》规定了侵害英雄烈士等的姓名、肖像、名誉、荣誉，损害社会公共利益的，应当承担民事责任。之后的《中华人民共和国民法典》（以下简称《民法典》）保留了这一规定。此后，《中华人民共和国英雄烈士保护法》于 2018 年 5 月 1 日起施行，是为英烈保护的专项法律。2020 年 12 月，《中华人民共和国刑法修正案（十一）》则新增了侵害英雄烈士名誉、荣誉罪。在治理策略上，除了立法之外，国家还提倡通过行政管理、行业自律和网民道德规范建设等方式来实现对于网络内容的规制。

第二节　中国互联网内容治理的历史进程

1994 年，中国互联网事业开始起步，随即互联网治理工作同步展开。近 30 年来，中国互联网治理工作从无到有，从被动到主动，从单一主体、单一方式到多元主体、多项措施协同，探索出了一套行之有效、符合国情的治理模式，并在网络环境日益复杂、治理难度不断增大的背景下取得了良好成效。

党的十九大报告明确提出，要“加强互联网内容建设，建立网络综合治理体系，营造清朗的网络空间”〔1〕。构建网络综合治理体系已经成为当前亟须解决的重大现实问题。网络综合治理是在各级党委的领导下，由政府承担管理主导责任，各有关部门充分发挥职能作用，依靠企业履责、社会监督及网民自律，做到协调一致、齐抓共管，综合运用经济、法律、技术等多种手段，打击和预防网络违法违规行为，完善网络社会管理，化解网络社会矛盾，以实现网络秩序规范、网页内容健康向上和网络空间清朗清净，切实维护公民、企业和国家的合法权益。〔2〕

---

〔1〕 十九大报告明确互联网发展三大任务[EB/OL].(2018-05-14)[2022-07-04].http://www.cac.gov.cn/2018-05/14/c_sa=1024320u.

〔2〕 韩志明，刘文龙．从分散到综合：网络综合治理的机制及其限度［J］．理论探讨，2019(6)：30-38.

网络内容治理是网络综合治理体系中的重要组成部分，治理范围主要集中于违法和不良信息。在治理逻辑上强调多主体、多手段，各责任主体明确权责和协同。这种协同一方面体现为多元主体的协同，将网络空间内各个主体（包括各级党委和政府、行业协会、互联网企业和普通网民）串联起来；另一方面，除了立法、执法之外，还通过社会监督、企业履责和网民自律等方式，以经济、法律、技术等多样化手段来实现其综合格局的协同构建。

国内学术界对于互联网治理议题保持了持续的热度。我们在此回顾一下学者们对于宏观层面互联网治理脉络，也即互联网治理历程的研究。关于我国互联网治理的实践，彭波和张权的研究结合一般政治系统理论，以考察技术进步、社会变迁和社会治理三个变量的相互影响为视角，建立了模型，并以此探究中国网络治理的模式问题。他们将我国互联网治理历程分为五个阶段：第一阶段（1994—1998 年）、第二阶段（1998—2002 年）、第三阶段（2002—2009 年）、第四阶段（2009—2016 年）、第五阶段（2016 年至今）。从政府中心视角看，各阶段的重点任务分别是针对互联网普及率的治理、针对网络媒体的治理、针对网民及集体行动的治理、针对互联网政治性使用的治理、针对互联网利益集团的治理。[1] 同样是关注互联网治理问题，李彦和曾润喜则是从历史制度主义视角出发，梳理了互联网制度的变迁。该项研究认为，对于互联网治理制度而言，互联网自身形态的演变是“重要关节点”，是互联网制度变迁最主要的推动力，同时与互联网治理演进中的社会环境也存在密切关系。他们的研究指出，不同阶段的互联网特征分别为基础设施建设（1994—1997 年）、媒体属性凸显（1998—2004 年）、社交属性凸显（2005—2009 年）、复杂网络社会（2009 年至今）。不同阶段治理的侧重点分别为关注基础设施和互联网安全，关注网络新闻、出版、视频、论坛等，关注实名制、信息备案、网络新闻等，关注网络信息、网

---

〔1〕 彭波，张权．中国互联网治理模式的形成及嬗变（1994—2019）［J］．新闻与传播研究，2020，27（8）：44-65，127.

络安全和网络社会管理等领域的综合立法。[1] 两篇论文的划分时段和着眼点各有不同。在内容规制方面，谢新洲和朱垚颖将我国的网络内容治理历程划分为四个阶段，划分依据为重要法律的出台和机构增设：第一阶段（1994—1999 年）为政策奠基阶段，对象主要是计算机、信息化系统等特定信息内容领域；第二阶段（2000—2010 年）为由“管网”转向“治网”阶段，对象向信息服务、视频网站、论坛贴吧、新闻网站、网络游戏、网络动漫等内容领域扩散；第三阶段（2011—2013 年）为网信系统治理阶段，对象向电信服务、个人信息等内容领域渗透；第四阶段（2014 年至今）为治理完善阶段，对象向短视频、微博及其他区块链等内容应用和技术渗透。[2]

纵览对于我国互联网治理历程的研究，在互联网内容治理方面，我们可以归纳出以下的规律和趋势。首先，互联网内容治理的重要性得以不断提升。近些年来，互联网治理逐步上升到国家治理的高度，成为国家治理体系的重要组成部分。在机构设置上，互联网治理领导协调机构的级别在逐渐提高，为互联网内容治理工作提供了重要保障。其次，和互联网治理同步，互联网内容治理也是随着互联网生态、业态的变化而变化的。受益于技术进步和各类上网终端的普及，互联网信息得以规模化、海量化、多样化呈现，互联网内容治理重心则通常围绕着新现象、新问题展开。最后，经过近 30 年的理论与实践探索，我国在应对互联网内容治理方面构建了成熟的框架，通过建立综合治理体系来应对违法和不良信息对健康网络生态的威胁。近年来，互联网内容治理进入新的历史阶段。治理工作吸纳了党委和政府、社会组织、企业平台、公民多方主体，纳入了事前、事中和事后阶段，以立法、执法、社会监督等方式为治理手段，形成了具有中国特色的互联网内容治理体系。

---

〔1〕 李彦，曾润喜．历史制度主义视角下的中国互联网治理制度变迁（1994—2019）［J］．电子政务，2019（6）：32-40.

〔2〕 谢新洲，朱垚颖．网络内容治理发展态势与应对策略研究［J］．新闻与写作，2020（4）：76-82.

第三节　网络不良信息治理的制度和模式探索

一、文化产品分级制度

从世界范围来看，出于保护青少年健康成长的目的，很多国家采取了对影视、游戏的分级制度，限制青少年接触相应的媒介内容。在设计制度时，其基本措施是依据年龄分段，不同年龄段对应着不同级别的限制内容，而限制内容主要聚焦于色情和暴力两个方面。从分级制度指向的文化产品看，主要集中于电影、电视节目和游戏。美国、加拿大、英国、法国、德国、意大利、日本、韩国，以及中国香港等很多国家和地区都实行了文化产品分级制度。以美国为例，其电影审查的最早记录始于1897年“人民诉多利斯案”，此后，经过多年的制度探索，审查制度宣告失效。1968年，美国电影协会开始组织本国电影评级工作，电影分级制度得以确立。该协会提供了一种基于自愿、非强制的内容分级，为观众提供观影建议。经过两次调整，美国现行的电影分级制度将内容分为五级（表4-1）。

表4-1　美国电影分级体系

级别	观众类型	特征
G级（大众级）	一般观众	适合所有年龄段，电影中不含会让儿童观赏时感到被冒犯的内容
PG级（辅导级）	建议家长指导	有些内容可能不适合儿童观看，家长应给予“家长指导”
PG－13级（特别辅导级）	家长需要特别注意	影片包含部分家长可能认为不适合13岁以下孩子观看的内容，因此，建议家长特别注意
R级（限制级）	建议17岁以上观看	17岁及以下青少年必须由家长或者成年监护人陪同才能入场观看；包含一些成人内容；家长被敦促在带孩子去看电影之前多了解一下这部电影
NC-17级	17岁及以下不得观看	电影的内容仅适合成人观赏，18岁以下的观众不得入场观看

不良信息与媒体行业的发展相生相伴，伴随着媒体行业的发展，公众日益暴露于不良信息风险之下。在这种背景下，一方面，社会中弥漫着对不良媒介内容的恐慌；另一方面，内容创作者、消费者同样有着多样化的诉求。影视分级制度是一种折中式的制度，同时纳入了多元利益主体的考量，既保护了青少年，又尊重了表达权利，并满足了不同群体消费者的需求。相比于审查制，分级制可以有效解放文化生产力，鼓励创造的同时又维护了商业利益。在我国，对文化产品分级制度的探讨只局限于学术界，在实践层面并没有得到贯彻执行。有趣的是，图书领域却在阅读分级方面进行了很多探索，这尤其得到了图书馆行业与出版业的大力提倡。和媒体分级不同，阅读分级主要着眼于儿童和青少年的智力和心理发育程度，根据他们的阅读能力匹配阅读难度，从而建立一套推荐书目或阅读标准。显然，阅读分级和影视分级在制度设计初衷、内容上均存在很大的差异。值得一提的是，目前在新媒体领域被倡导的青少年模式虽然不属于内容分级制度，但也体现了内容分级的思维。

鉴于海外国家和地区对于分级制度的成功实践，长久以来，国内学界和业界一直呼吁实行分级制度，但始终未能如愿。我国主要通过审查方式来对文化产品内容进行管理，以维护社会风气和保护青少年的身心健康。这种方式并非根据年龄加以分级限制。以电影为例，《电影剧本（梗概）备案、电影片管理规定》是我国在电影内容管理方面制定的具体执行文件。其中，第十三条规定了禁止载有的内容，第十四条涉及删减修改的情形。对违法、违规和可能引起社会负面后果的影视内容，该规定一律采取禁止和删减的做法。但笔者认为，如果对照国外对影视内容管理的思路，第十四条中罗列的少量情形是可以被分级的。

客观地说，尽管很多国家和地区实施分级制度，但这种制度并非完美，仍有很多的不足之处。比如，美国的分级制度存在执行能力弱的问题，没有强制性的措施来保障其执行。詹庆生指出：以美国设置的电影分级制为代表的分级制完全放弃了禁止功能，理论上讲，没有任何一部影片会因其内容被禁止上映，分级委员会甚至连删剪的权力也已放弃，它所做的只是给影片贴上不同级别的警示标签。那些实行审查与分级并行制的国家和地区，其审查或禁止功能或者仅剩下象征意义，或者也已经相当微弱。[1] 一方面，分级制度主要聚焦于暴力和色情内容。这类信息与人类的本能有着直接联系。其中一些过于暴力和色情的信息，即便对于成年人在心理上也会产生足够的冲击，引发不适。但分级制度在此刻似乎变成了“保护伞”，保护了那些明显越界的内容。另一方面，分级制度在实施时难免存在一定的漏洞。举例来说，尽管自己的年龄达不到观看电影的要求，青少年也可以绕过监管，通过其他方式、渠道进行欣赏。但无论如何，观众对于影视和游戏内容有着多层次的需求。分级制度是一项值得肯定的折中式制度。

笔者以为，对于文艺作品可以首先考虑对暴力内容进行分级，继而再探索色情和其他受限制内容的分级。如今，在国内上映和播出的所有电影、电视剧、卡通片都对观众年龄没有限制和要求，甚至没有给家长内容提示和建议。2013 年春节档，《西游·降魔篇》的票房成绩非常亮眼，引发观影狂潮。很多家长看到“西游”二字，再加上喜剧大师周星驰导演，就以为这是适合全家一起看的电影，却没有想到影片中充斥着很多暴力、恐怖、阴暗的内容。很多小朋友在观影时被吓哭。此外，不仅影视作品之中，网络游戏中也存在着暴力内容泛滥的问题。2019 年 10 月，国家新闻出版署印发的《关于防止未成年人沉迷网络游戏的通知》（以下简称《通知》），关注用户年龄问题和与之相适应的内容问题。《通知》要求探索实施适龄提示制度。网络游戏企业应从游戏内容和功能的心理接受程度、对抗激烈程度、可能引起认知混淆程度、可能导致危险模仿程度、付费消费程度等多维度综合衡量，探索对上网出版运营的网络游戏作出适合不同年龄段用户的提示，并在用户下载、注册、登录页面等位置显著标明。有关行业组织要探索实施适龄提示具体标准规范，督促网络游戏企业落实适龄提示制度。网络游戏企业应注意分析未成年人沉迷的成因，并及时对造成沉迷的游戏内容、功能或者规

---

〔1〕 詹庆生．审查还是分级?：中国电影的管理困境与转型难题［J］．电影艺术，2012（2）：72-79.

则进行修改。在一定意义上，《通知》可被视为我国对于媒介暴力内容进行分级制探索的先声。2020年年底，《网络游戏适龄提示》团体标准得以发布，为游戏分级开了个好头。笔者希望媒介负面效果问题能够引起社会各界的广泛关注，由政府和行业协会牵头，学术界提供理论支持，探索建立起适合中国国情的文化产品分级制度，并采取有效措施来保障执行。

二、网络实名制度

在网络时代，人人皆可发声，但不受限制的言行容易给社会带来很多负面效应，与此同时，互联网匿名化、虚拟化的特征又会给治理工作带来很大的挑战。在过去很长一段时间里，人们通过简单注册即可获得账号。即便账号主体不遵守传播秩序，导致平台对其施以禁言、注销等处罚手段，但其只要重新注册账号就又可以再次进入互联网平台。面对网络传播乱象，如果执法部门难以追究到具体个人，并施加惩戒，就无法从根本上形成震慑效应。自2002年开始，从政府部门到专家学者，逐渐意识到网络实名制的重要性。李希光教授率先提出网络实名制的提议，引起全社会的热烈讨论。国内信息通信领域的实名制度主要集中于两个方面：网络实名制和电信实名制。目前这两种实名制都在我国得以贯彻施行，成为网络空间治理的重要手段。

网络实名制在我国经历了不断完善的发展历程。2015年，国家网信办发布的《互联网用户账号名称管理规定》得以施行。该规定就账号的名称、头像和简介等，对互联网企业、用户的服务和使用行为进行了规范，涉及在博客、微博客、即时通信工具、论坛、贴吧、跟帖评论等互联网信息服务中注册使用的所有账号。该规定还明确要求，互联网信息服务提供者应当按照“后台实名、前台自愿”的原则，要求互联网信息服务使用者通过真实身份信息认证后注册账号。与此同时，电信实名制开始稳步推进。2012年，《全国人民代表大会常务委员会关于加强网络信息保护的决定》得以通过，明确将电话用户实名制纳入法律层面。2013年，工信部又颁布了《电信和互联网用户个人信息保护规定》

《电话用户真实身份信息登记规定》。2015 年，工信部、公安部、国家工商总局（现国家市场监督管理总局）联合出台了《电话“黑卡”治理专项行动工作方案》。2016 年，史上最严厉的电信实名制开始施行，工信部发布的《关于贯彻落实〈反恐怖主义法〉等法律规定，进一步做好电话用户真实身份信息登记工作的通知》，要求：“各基础电信企业要确保在 2016 年 12 月 31 日前本企业全部电话用户实名率达到 95% 以上，2017 年 6 月 30 日前全部电话用户实现实名登记。”〔1〕 2017 年 6 月施行的《网络安全法》第二十四条规定：“网络运营者为用户办理网络接入、域名注册服务，办理固定电话、移动电话等入网手续，或者为用户提供信息发布、即时通讯等服务，在与用户签订协议或者确认提供服务时，应当要求用户提供真实身份信息。用户不提供真实身份信息的，网络运营者不得为其提供相关服务。”〔2〕 自此，网络实名制在制度层面得到了彻底的明确。

从国际经验看，2004—2012 年，实名制在韩国经历了从实施到废除的历程。作为率先施行网络实名制的国家，韩国的经验非常值得我国借鉴和反思。从立法本意上看，20 世纪初发生的一系列网络暴力事件滋扰了韩国社会，引起了舆论的高度关注。韩国政府迫于压力采纳实名制，希望能够净化网络环境。在发展过程中，从政治意见表达到日常情景，实名制的适用范围不断扩大。但随着时间的推移，实名制的弊端日益凸显。各方又转而呼吁废除实名制。有学者指出，相关问题主要体现在以下三个方面：第一，个人信息泄露事件的频发。第二，不平等问题。法律根据访问量划定门槛，对访问量高于一定数量的施行实名制。这就可能造成访问量造假的问题。此外，网络实名制对于国外的网络运营服务商并不适用，造成内外有别。第三，“本人确认”系统的不完

---

〔1〕 工业和信息化部关于贯彻落实《反恐怖主义法》等法律规定，进一步做好电话用户真实身份信息登记工作的通知［Z］. 工信部网安〔2016〕182 号.

〔2〕 全国人大常委会办公厅. 中华人民共和国网络安全法［M］. 北京：中国民主法制出版社，2016：7.

善。[1] 而导致韩国废除网络实名制的最为直接的原因是个人信息泄露问题过于突出。互联网属于新生事物，而行业发展得方兴未艾不断带来新的法律和伦理问题。面对技术的日益先进，现有的规制体系需要不断完善。我们必须重视吸收、借鉴国际上的治理经验和学术进展，以期为我国的网络事业提供助力。

实名制对于我国社会治理工作的意义重大。电信实名制和网络实名制的施行，不仅方便公安部门展开刑侦工作，有效地遏制和打击违法犯罪活动，而且对于有效治理网络空间也意义重大。举例来说，当下网络平台对主播的管理在很大程度上依赖实名制。2018 年 8 月，全国“扫黄打非”工作小组办公室发布会同多部门联合下发的《关于加强网络直播服务管理工作的通知》要求：“各网络直播服务提供者应按照要求落实用户实名制度，加强网络主播管理，建立主播黑名单制度，健全完善直播内容监看、审查制度和违法有害内容处置措施。”[2] 没有网络实名制，对主播的管理工作则无从谈起。即便遭到处罚，不良主播大可换个账号或者平台复出。当然，在认真落实网络实名制的同时，这一制度仍然有改进的空间，需要不断完善以更好地成为网络治理的有利抓手。结合实名制在国内外的实践，笔者认为，以下两个方面仍需要加强。

（一）完善技术，切实保证用户注册和使用环节实名

网络实名制的贯彻执行非常依赖技术支持，其中的关键点之一在于用户注册身份的识别，即要能够以技术手段核实用户是谁。为防止借用他人身份进行注册登录的问题，网络平台需要借助指纹、人脸识别技术等手段，保障身份信息验证的准确性，以防止实名制出现形同虚设的情况。当前网络平台的身份识别通常采用账号注册登记，或者通过手机号码、微信、QQ、微博账号登录的方式，辅之以身份信息录入和识别，

---

〔1〕 杨婷．韩国网络实名制发展脉络研究及反思［J］．西南政法大学学报，2018，20（2）：102-111.

〔2〕 全国“扫黄打非”工作小组办公室．关于加强网络直播服务管理工作的通知［EB/OL］．（2018-08-20）［2022-07-04］.https://www.shdf.gov.cn/shdf/contents/709/383850.html.

从注册环节核实用户的真实身份。目前，一些网络平台虽然也为未经注册的用户提供部分服务，但发表评论、弹幕、上传内容等功能则会受到限制。

用户使用互联网应用服务时，互联网后台同样需要知晓访问者的信息，并与身份信息进行核对与确认。而关键在于只有每次登录时验证访问者的身份，乃至在使用过程中定时或实时核实用户身份，才算真正意义上贯彻网络实名制，比如，人脸识别系统就是一种重要的实名制保障手段。2021 年，国家新闻出版署下发的《关于进一步严格管理　切实防止未成年人沉迷网络游戏的通知》要求，网络游戏企业仅可以在周五、周六、周日和法定节假日每日 20 时至 21 时向未成年人提供 1 小时网络游戏服务，其他时间均不得以任何形式向未成年人提供网络游戏服务。为切实实现对网络游戏沉迷的管理，该通知强化了对网络游戏用户账号实名注册和登录的要求，规定："所有网络游戏必须接入国家新闻出版署网络游戏防沉迷实名验证系统，所有网络游戏用户必须使用真实有效身份信息进行游戏账号注册并登录网络游戏，网络游戏企业不得以任何形式（含游客体验模式）向未实名注册和登录的用户提供游戏服务。"〔1〕自该通知发布之后，网络上爆出有一位 67 岁老太在腾讯游戏《王者荣耀》中完成了"五杀"。面对众多网民的质疑，腾讯公司表示人脸识别准确。尽管不能排除这位老太是游戏高手的可能性，但更多的网民猜测是未成年人借用长辈身份进行游戏。可见，实名制在现有技术条件下仍有一定的局限性。贯彻实名制需要互联网企业发力，发展和完善技术，并规避现有的各种缺陷和漏洞。但技术本身不是万能的。青少年科学上网的实现，同样也需要青少年监护人、管理人的有效监督。

（二）互联网平台需要不断完善公民个人信息安全保护措施

"后台实名、前台自愿"是实名制的实施原则。互联网平台对注册用户进行身份验证时，需要用户提交公民的真实信息，比如，上传身份

---

〔1〕国家新闻出版署关于进一步严格管理　切实防止未成年人沉迷网络游戏的通知［Z］. 国新出发〔2021〕14 号.

证照。随着相关技术的发展，指纹、人脸识别结果等同样作为验证身份的信息被记录。可一些手机 App 却存在强制授权、过度索权、超范围收集个人信息等问题，也就是说，仅凭单一的互联网应用，就有可能收集到个人的所有核心信息。这些信息一旦被泄露会给当事人带来巨大的风险，比如，遭遇银行卡盗刷，被他人冒名贷款、电信诈骗、网络暴力、隐私泄露等问题。从国际上已取得的经验看，韩国在实施实名制之后，频频出现个人信息泄露的事件。徐晓日、刘旭妍指出，网络实名制具有易受侵害性。这指的就是实名制情景下公民数据可能被非法获取、利用的风险。[1]

网络空间内存在着网络黑客群体。他们出于各种目的破坏互联网安全，频频以技术手段非法盗取公民的个人信息，并进行倒卖。互联网空间，往往是"道高一尺，魔高一丈"。网络服务商要为公民个人信息泄露承担责任。一些互联网平台采取的信息安全措施不到位，极易被黑客攻陷，造成损失。还有可能因为管理不善，其内部人员徇私舞弊，非法获取用户个人信息。此外，网络服务商也可能监守自盗，在收集、使用和传输环节出现问题，造成信息泄露和信息滥用。鉴于这一情形，相关部门在贯彻网络实名制时，首先，要明确规范网络服务商收集个人信息的行为，建立长效监督机制，限制其收集用户信息的范围、方式，防止运营商过度采集公民信息，滥用数据牟利，侵犯用户隐私。其次，也要加大对侵犯个人信息的打击力度，完善追责体系，形成威慑力。

三、网民对于违法和不良信息的监督制度

网民是网络生态治理的一支重要力量。对于互联网的规制，仅仅依靠党和政府、行业组织、平台的力量还远远不够，国家应该大力建设社会化规制机制，重视网民的力量。一方面，鼓励网民自律，通过媒介素养教育，提高网民的媒介素养水平，增强其选择、获取、正确理解网络信息的能力，质疑和评估网络信息的能力，以及高质量创造和生产网络

---

〔1〕 徐晓日，刘旭妍．论网络实名制下的个人数据保护［J］．电子政务，2019（7）：56-66.

信息的能力。另一方面，增强其参与网络生态治理的意识，鼓励网民勇于与违法和不良信息做斗争，通过举报等方式参与互联网生态治理。青少年及其家长群体，都可以通过以上两种方式维护良性网络生态。《网络信息内容生态治理规定》规范了相关利益主体在网络生态治理中的权利与义务。涉及不良信息举报的方面包括要求网络信息内容服务平台应在显著位置设置便捷的投诉举报入口，公布投诉举报方式，及时受理、处置公众投诉举报并反馈处理结果。我们应鼓励网络信息内容服务使用者通过投诉、举报等方式对网上的违法和不良信息进行监督。在当前的网络环境下，网民对违法和不良信息进行投诉、举报的重要性无须赘言，但目前大多数网民对于这项权利还缺乏足够的认识。

“举报”一词在《现代汉语词典》（第7版）中的释义为：“向有关单位检举报告（坏人、坏事）。”[1] 违法和不良信息举报通常是指网民在上网过程中，遭遇到违法信息或者不良信息，向互联网平台或者国家有关部门进行举报的行为。本书尝试从心理学的视角，站在举报者个体心理机制层面去理解违法和不良信息举报行为。第一种是利他行为的视角。所谓利他行为指的是对他人有好处且没有明显自私动机的自觉自愿行为，如慈善捐赠行为。互联网进入我国后不久，对网络利他行为的研究开始进入学者视野。网络利他行为被定义为在网络环境中表现出来的有利于他人和社会，且不期望得到任何回报的自觉自愿行为。在一些国内学者的研究中，举报行为被置于网络利他行为范畴之下，比如，郑显亮编制的大学生网络利他行为量表即是如此。该量表在国内得到了广泛应用，信度和效度良好，共有四个维度：网络支持、网络指导、网络分享和网络提醒。而网络提醒又包含五个项目，其中有两个涉及网络举报。值得注意的是，同样可以用利他行为视角进行解释的，还有管理学中组织的内部人举报（whistleblowing，也被译为“揭发”），它是与网络不良信息举报相似的概念。关于内部人举报的研究成果十分丰富，可

[1] 中国社会科学语言研究所词典编辑室. 现代汉语词典［M］. 7版. 北京：商务印书馆，2016：705.

以为网络举报行为提供很多借鉴，包括影响因素和影响机制。第二种是风险感知的视角。风险感知是风险传播领域的核心概念。大量相关研究都表明，人们对于特定风险的感知水平越高，其越有可能做出保护性行为。很少有文献从风险感知视角看待人们对违法和不良信息的态度。一项在俄罗斯开展的研究基于风险和决策视角，提供了一个人们对网络内容管制态度的解释框架。研究结果发现，人们对俄罗斯国家电视新闻的依赖程度预测了更高水平的对互联网的威胁感知，而这种威胁感知又促进了人们对互联网内容管制态度的支持。〔1〕

保护动机理论也可用于解释网民的违法和不良信息举报行为。该理论适用的范围非常广泛。一些文献将被原本应用于健康行为领域的保护动机理论拓展至网络行为领域，用于分析信息用户的网络隐私的保护行为；还有研究将该理论置于家长监管子女上网行为的情景之中，认为家长将违法和不良信息视为社会的一种威胁，由此产生保护动机继而采取保护性的行为。作为一种行为改变理论，保护动机理论最初用来解释恐惧诉求对健康态度和行为的影响。基于这一理论，社会应该加大对违法和不良信息危害性的宣传，促使广大家长注意，继而针对违法和不良信息采取相应的行为。

为了有效制约违法和不良信息的生产和传播，净化文化环境，一系列举报平台得以开通。比较有代表性的举报平台包括中央网信办（国家互联网信息办公室）违法和不良信息举报中心、中国“扫黄打非”网上举报平台、12321 网络不良与垃圾信息举报受理中心等，各省、自治区、直辖市也设有违法和不良信息举报中心。此外，人民网、新华网、新浪、搜狐、腾讯、优酷、今日头条、知乎、陌陌、斗鱼、抖音、火山、哔哩哔哩等众多网站（App）亦开通了相应的举报平台。在机构设置上，中央网信办（国家互联网信息办公室）违法和不良信息举报中心承担领导、组织和协调全国范围内互联网违法和不良信息举报工作；

〔1〕 NISBET E C, KAMENCHUK O, DAL A. A psychological firewall? Risk perceptions and public support for online censorship in Russia[J].Social Science Quarterly, 2017, 98(3): 958-975.

指导、监督各地的各网站规范开展互联网违法和不良信息举报工作；受理、协助处置网民对互联网违法和不良信息的举报；宣传动员广大网民积极监督、举报互联网违法和不良信息。该举报中心提供了多种举报渠道，鼓励公民、法人或其他组织参与举报活动。其举报入口认定的违法和不良信息类型包括政治类、暴恐类、诈骗类、色情类、低俗类、赌博类、侵权类、谣言类、其他类。举报互联网违法和不良信息时，举报主体需要提供与网络举报事项相应的信息网址或者足以准确定位举报信息的相关说明、样本截图等举报基本材料，以及相关证明证据材料等举报要件。此外，中央网信办（国家互联网信息办公室）违法和不良信息举报中心还考虑到了其他类型的违法违规情况。例如，涉及网络招嫖违法犯罪行为的，其举报平台链接指向公安部的网络违法犯罪举报网站；涉及通过互联网平台传播淫秽色情违法犯罪行为的，其链接指向公安部的网络违法犯罪举报网站或者全国“扫黄打非”工作小组办公室的中国“扫黄打非”网这两个举报平台。中国“扫黄打非”网开通的“扫黄打非”网上举报平台同样是重要的不良信息举报渠道。网民可以通过该平台举报与图书、报纸、期刊、音像、电子、网络等有关的违法违规行为。该平台的举报事项包括淫秽色情、盗版侵权、非法宗教出版物、非法出版活动和假媒体、假记者、假记者站。12321 网络不良与垃圾信息举报受理中心是中国互联网协会受工业和信息化部委托设立的投诉受理机构，负责协助工业和信息化部承担关于互联网、移动电话网、固定电话网等各种形式的信息通信网络及电信业务中不良与垃圾信息的投诉受理、线索转办及信息统计等工作。

网络生态文明靠大家，每个人都应对网络环境的和谐安宁负有责任。举报平台实际上是给网民提供了一个清理工具，网民应该善加使用。相关部门不仅要重视相关平台的建设，及时有效地处理相关举报信息，给举报者满意的答复，同时还应该加大宣传力度，普及网络举报的相关知识，让网民了解网络举报的必要性和紧迫性，使网民知晓和信任举报渠道，营造整个社会勇于与违法和不良信息做斗争的良好风气。除了在媒体层面宣传动员之外，还应该在学校教育中强化相关知识，包括在各级各类学校的信息素养、媒介素养类课程教育中增设相关内容。

网民参与违法和不良信息举报活动有两个关键点亟待建设，即动员和效率。第一层次的逻辑是动员。要实现网民对违法违规内容治理的有效参与，就必须发动网民，增强网民的参与意识。广大网民是违法和不良信息的直接受害者，是维护网络生态的重要一环。当他们面对这些信息时，是否有动机去举报是决策者必须考虑的问题。可能的情形是，违法和不良信息侵害了网民的权益，或造成网民心理不适，或者网民出于维护社会秩序的动机进行举报。网民是否了解举报渠道、对举报行为的态度如何、对举报行为是否得到满意处理的感知都会影响其具体行为。政府和互联网企业需要意识到网民举报对网络生态治理的重要性，要加大宣传力度，加强网民对各类不良网络现象危害性的认识，普及违法和不良信息举报知识，营造社会公众自觉抵制网络不良内容的氛围，提升其举报意愿。第二层次的逻辑是效率。政府和互联网企业需要进一步落实渠道、方式和平台，要重视对网民举报信息的处理，通过组织人力、调用技术进行核查，并及时反馈给网民，增强其举报信心。而网络举报平台的界面和流程设置也必须合理。一方面，举报按键要设置得醒目、容易找到，界面要友好，便于人机交流；另一方面，举报程序不宜过于烦琐，要注重对举报者的隐私权保护。

从互联网治理实践看，针对违法和不良信息的网络举报制度是维护网络生态的一种有效治理工具。这项举措的意义体现在以下几个方面：首先，网络举报是广大网民维护自身利益和公共秩序的重要手段，是一种人民群众参与网络治理的形式。网络生态事关所有网民。对于违法和不良信息，网民均有责任和义务进行举报，使相关行为符合我们所提倡的社会主义道德规范，如同见义勇为，举报往往也是出于正义感、道德感、责任感，如今国家已经通过制度设计确认了这一行为的正当性。其次，网络信息的增长速度和违法、不良信息表现形式的复杂性给监管工作带来了很大挑战，而网络举报可以帮助监管部门和互联网平台迅速发现、处理网络违法和不良信息，提升其工作效率。最后，网络举报一旦形成规模和风气，可以明确社会规范、弘扬正气，并起到震慑违法和不良信息生产者、传播者的作用。

四、推进互联网企业自治

企业自治的核心是落实企业主体责任，包括积极承担企业的社会责任。而“平台企业的社会责任之所以重要，体现在平台企业的组织模式、治理模式和商业模式——组织模式提升了企业的责任强度，治理模式削弱了利益相关者的话语权，商业模式引导了公众的行为习惯和价值取向”〔1〕。我国互联网企业在成长过程中暴露出的问题往往与其忽视社会责任有关，如“野蛮生长”的问题。受到互联网的影响，文化产业在近些年来保持了高速发展的态势，文化产品的形态和生产方式也发生了巨大的改变。以时下最有活力且充分体现了互联网精神的 UGC 模式媒体为例，无论是视频网站，还是文学网站、网络硬盘、短视频等，其中大部分产品平台的发展历程基本上都是先“野蛮生长”，“跑马圈地”，尽量抢占市场份额，待做大之后面临监管压力了再进行整顿，基本采取的都是“先污染后治理”的策略。这种发展模式给治理工作提出了新的挑战。在商业利益的驱使下，很多企业并没有履行好监管义务。除了“野蛮生长”问题之外，互联网企业还广泛存在模式风险问题。文化产品的一些问题本身即是运营模式和产品结构问题。随着法制环境的完善，模式风险被放大。以知识产权风险为例，网络服务商在处理版权时必须把握好“避风港”原则和“红旗”原则的平衡，履行监管责任，一旦处理不当，就要承担相应的后果。也正是因为模式风险太大且盈利模式不够清晰，曾经繁荣一时的网盘就遭遇了大规模关停。轰动一时的快播案引发了无数网友的关注，最终以快播公司和几位主管人员构成传播淫秽物品牟利罪收场。深圳快播公司提供的快播播放器基于流媒体播放技术，为用户提供视频服务，虽基于 P2P 模式，但有其自身的一些技术特点。在刑事取证过程中，有关部门从快播公司的服务器

〔1〕钱小军，龚洋冉，张佳音．互联网平台企业的社会责任为什么重要［J］．清华管理评论，2020（12）：76-79.

中查获了大量淫秽色情视频。在快播用户点播视频时，拥有视频的“站长”、缓存服务器和用户的客户端形成三角关系，缓存服务器提供下载、储存视频的功能，相当于一个“仓库”。尽管快播的管理者一度坚称“技术无罪”，但不可否认的是，快播的模式中始终存在着问题，经营者对缓存服务器中的大量淫秽视频视而不见，并没有尽到监管义务，而是放任违法视频传播。[1] 任何行业的发展都必须注重社会效益，在规划、执行经营策略和战略时，不能放弃社会责任，践踏公序良俗。未雨绸缪，未来的新型媒体尤其是 UGC 模式的网络媒体，更应在其模式上科学规划，在平台运营之初就建立有效的内容管理制度，避免出现传播失范现象。

此外，我们也有必要引入新式的思维来看待这一问题，即强调代码的作用。随着网络时代的来临，全球范围内的网络法和研究网络法律的专家也应运而生。莱斯格（Lawrence Lessig）是其中最具影响力的网络法律专家，哈佛大学法学院教授，被誉为信息时代消费者利益的“守护神”。莱斯格在平衡私有产权与公共利益关系上做出了很大的努力，而最为公众所知的事情，是他参与对抗迪士尼公司申请 20 年版权延长保护期的案件。在网络法律的探索上，莱斯格明确肯定“代码即法律”这一观点。莱斯格的《代码 2.0：网络空间中的法律》一书开启了我们对于网络世界法律问题的智识空间：第一，网络世界中，运行着一套具有独立逻辑结构和识别系统的“法律”，即代码；第二，自由和规制间的关系乃是涉及因特网的最为重要且最为根本的关系，远非仅依靠代码系统就能够予以解决的。网络空间的自由扩展依赖现实空间中的权利给予其运作的制度空间。代码就是那些造就网络空间的各种软件和硬件。正是这些软件和硬件在规制着网络空间，身份识别、数字签名、加密技术、屏蔽与过滤技术借此都得以实现。莱斯格指出：在现实空间里，我们明白法律的规制机理——通过宪法、其他法律及规范性文件来规制。

---

〔1〕 范君．快播案犯罪构成及相关审判问题：从技术判断行为的进路［J］．中外法学，2017（1）：29-50.

在网络空间里，必须明确代码的规制机理——那些造就网络空间的软件和硬件如何来规制该空间。[1] 法律和代码相辅相成，代码受到法律的干预。在虚拟空间内，公共权利和商业利益相互交融。莱斯格认为，在虚拟空间中，设定在软件和硬件中的规则起着像法律一样的作用。代码即是法律，代码可以像法律那样限制自由或者使自由成为可能。对于隐私权，莱斯格针对美国的情况，认为威胁来自政府和私人组织对信息的收集、对个人数据的使用，应对的方案是依靠代码。这种架构（代码）必须能够进行计算机与计算机之间的隐私协商，每个人都可以告诉计算机想要保护的隐私。比如，美国的隐私权偏好等级计划平台制度，其实是包含了财产的观念，将个人信息视为财产加以保护，让个人隐私政策为计算机所识别。莱斯格对代码的论述，实际上讨论的是网络空间规则制定权的问题。在网络空间中，规则制定权属于代码制定者，对于商业化媒体而言，即互联网平台。它们直接参与对用户的各种限制和控制。更为重要的是，互联网平台不仅是代码规则的制定者，也是互联网空间的主要规制者。近几年，学术界关于智能媒体中算法与权力的讨论，也在这一框架之中。互联网平台的代码掌握在互联网平台手中，在虚拟空间内的一切行为都基于互联网架构之下，代码也即互联网空间的法律。可以预见的是，在维护网络生态方面，互联网平台需要承担更多的责任和义务。网络服务商必须要强化社会责任感，筑牢篱笆，承担起把关责任，绝不能为了商业利益而背离法律和道德要求，对互联网不良现象在治理方面马虎敷衍，乃至偷开“绿灯”。特别是部分互联网超大型平台，由于其在用户规模、资金、技术等方面的优势，对社会影响更大，因此，需要承担更多的责任和义务。近些年来，互联网技术的发展在给人们生活带来便利的同时，也给互联网平台带来了巨大的监管压力。当前，世界各国采取的基本方式是赋予互联网平台以“把关人”的职责，要求其对网络内容进行筛选和过滤。平台在信息治理责任方面一直存在

---

〔1〕 劳伦斯·莱斯格. 代码 2.0：网络空间中的法律［M］. 李旭，沈伟伟，译. 北京：清华大学出版社，2009：6.

着“避风港”原则和“红旗”原则的冲突与协调问题，并经常暴露出著作权侵权行为和不良信息导致的内容风险。随着立法和政府监管工作的日益完善，平台在网络治理工作中的责任得到不断落实。

借鉴美国《数字千年版权法案》，对于采用UGC模式的媒体，“避风港”原则是平台规避内容风险最为重要的原则。在著作权方面，根据我国2006年颁布的《信息网络传播权保护条例》第二十二条，网络服务提供者为服务对象提供信息存储空间，供服务对象通过信息网络向公众提供作品、表演、录音录像制品，并具备下列条件的，不承担赔偿责任：① 明确标示该信息存储空间是为服务对象所提供，并公开网络服务提供者的名称、联系人、网络地址；② 未改变服务对象所提供的作品、表演、录音录像制品；③ 不知道也没有合理的理由应当知道服务对象提供的作品、表演、录音录像制品侵权；④ 未从服务对象提供作品、表演、录音录像制品中直接获得经济利益；⑤ 在接到权利人的通知书后，根据本条例规定删除权利人认为侵权的作品、表演、录音录像制品。事实上，对上传内容的检测始终是互联网企业重要的工作内容。为了防止知识产权出现权利瑕疵，与“避风港”原则对应的，还有所谓“红旗”原则。该原则同样来自《信息网络传播权保护条例》第二十二条，网络服务提供者必须“不知道也没有合理的理由应当知道”侵权问题的存在，才能获得“避风港”原则的庇护。这实际上强调的是主观过错。立法的本意是希望网络服务商在服务对象和权利人之间处于一种中立地位。《网络安全法》明确了网络运营商对于用户上传信息的审核义务。其第四十七条规定：“网络运营者应当加强对其用户发布的信息的管理，发现法律、行政法规禁止发布或者传输的信息的，应当立即停止传输该信息，采取消除等处置措施，防止信息扩散，保存有关记录，并向有关主管部门报告。”〔1〕

经过实践探索，“避风港”原则在中国本土化过程中又有了一些变

〔1〕 全国人大常委会办公厅．中华人民共和国网络安全法［M］．北京：中国民主法制出版社，2016：13.

化。一方面，从网络服务提供商的“版权责任规则”发展为“民事责任规则”。在我国，《中华人民共和国侵权责任法》（以下简称《侵权责任法》）和《民法典》中相关条文使用的是“知识产权”和“民事权益”，也就是说，“避风港”原则不仅适用于著作权侵权，还可以适用于商标侵权、专利侵权、名誉侵权等。另一方面，从网络服务提供者版权“免责条款”转变为“归责条款”。“避风港”原则在《信息网络传播权保护条例》中作为侵权赔偿责任免除条款被引入我国法律，而在《侵权责任法》和《民法典》中则属于归责条款。〔1〕《侵权责任法》第三十六条规定：“网络用户利用网络服务实施侵权行为的，被侵权人有权通知网络服务提供者采取删除、屏蔽、断开链接等必要措施。网络服务提供者接到通知后未及时采取必要措施的，对损害的扩大部分与该网络用户承担连带责任。网络服务提供者知道网络用户利用其网络服务侵害他人民事权益，未采取必要措施的，与该网络用户承担连带责任。”〔2〕也就是说，网络运营商的责任变大了。在规避内容风险方面，各网络平台都在尽力利用“避风港”原则，完善平台模式，特别是在面对知识产权风险时。但实际上，“通知—删除”这种模式仍然存在很多不足，比如，利益相关人的举报通知未见得及时，举报也需要时间和流程且未见得被平台认可，况且大量侵权行为并未被发现。近些年来，“避风港”原则面临着越来越大的争议。网络运营服务商被要求履行更为严格的内容过滤审查义务。从发展角度来看，国内的网络环境呈现越来越清朗的趋势。这源于制度的完善和主管部门的监管。此外，为了上市而净化版权环境也是一种现实压力。

结合《网络信息内容生态治理规定》，可以很明显地看出政府在治理网络生态上的调整。管理部门已经意识到仅靠政府力量，难以应对复杂多变的网络环境和呈现指数级增长的网络信息，而平台已经转变为带

〔1〕李安．智能时代版权“避风港”规则的危机与变革［J］．华中科技大学学报（社会科学版），2021，35（3）：107-118.

〔2〕中华人民共和国侵权责任法（主席令第二十一号）［EB/OL］.(2009-12-26)［2022-07-04］.http://www.gov.cn/zhengce/2009-12/26/content_2602237.htm.

有媒体属性的公共领域，担负着“网络内容质量把关人”的使命，需要在网络生态治理工作中承担更多的责任，并采取有效措施去履行。平台不仅要筑好篱笆，防微杜渐，将违法和不良信息消灭在萌芽状态，同时还应该发挥好宣传员的角色，将传播正能量、弘扬社会主流价值观的内容通过算法推荐等在版面页面中加以推广。

出于维护网络生态的需要，在政府部门的督促之下，大部分平台都建立并完善了针对违法和不良信息的管理制度，依托技术措施、人工复核等路径，对平台内容进行把关，也即制定“网规”，形成了内部规制。这种路径常被人概括为“以网治网”。目前从世界范围看，加大平台信息管控已经成为一种趋势。在互联网时代，公众表达的主要场域由传统媒体转到网络平台，而内容规制的结构也变成“个人（发言者）—企业（平台）—政府（国家）”的三角。[1] 2021 年 2 月，国家网信办等七部委联合发布《关于加强网络直播规范管理工作的指导意见》，明确提出“压实平台主体责任”，要求“网络直播平台提供互联网直播信息服务，应当严格遵守法律法规和国家有关规定；严格履行网络直播平台法定职责义务，落实网络直播平台主体责任清单，对照网络直播行业主要问题清单建立健全和严格落实总编辑负责、内容审核、用户注册、跟帖评论、应急响应、技术安全、主播管理、培训考核、举报受理等内部管理制度”[2]。可以说，这份指导意见代表了政府对 UGC 模式新媒体治理思路的转变：从过去强调政府单一主体的监管责任，到如今重视多主体责任，建立综合性治理框架。

在政府加大监管力度的背景之下，各互联网运营商进行了内部整顿，通过更为完善的制度设计确立了新媒体传播中的伦理规范。比如，很多直播平台实施主播实名制、备案留底制、扣分制等管理方式，以约

---

〔1〕 孔祥稳．网络平台信息内容规制结构的公法反思［J］．环球法律评论，2020，42（2）：133-148.

〔2〕 国家互联网信息办公室，全国“扫黄打非”工作小组办公室，工业和信息化部，等．关于印发《关于加强网络直播规范管理工作的指导意见》的通知［Z］．国信办发文〔2021〕3 号.

束主播言行。以斗鱼为例，平台要求斗鱼主播必须进行实名认证等级，且主播年龄需满 18 周岁。在扣分制度方面，根据《斗鱼直播内容管理规定（2021 修订）》，该平台对直播间实施量化计分扣分管理，规定不同性质的扣分标准。如同交通法规中扣分规则一样，每个直播间的扣分系统总分值为 12 分。当分值低于一定数值时，系统关闭直播间的礼物打赏功能，乃至永久封停直播间。同时，平台规定了分值恢复的办法。2018 年 8 月，全国“扫黄打非”办公室会同工信部、公安部、文旅部、国家新闻出版广电总局、国家网信办联合下发《关于加强网络直播服务管理工作的通知》，建立健全网络直播长效监管机制。

第五章

融媒体时代主流媒体与主流价值观的构建

第一节　融媒体时代主流媒体的发展

价值观是指人们对客观事物的意义、重要性的总评价和总看法。主流价值观就是以社会主义核心价值观为主要内容的一整套价值观念。在全球化背景下，以适合中华民族经济社会发展和历史文化传承的方式构建新的社会主流价值观，对于身处多元文化冲突环境下的中国社会来说是非常必要的。主流媒体是传播主流价值观的重要阵地。放眼全球，“融合”已经成为主流媒体发展历程中所必经的创新之路，技术为主流媒体传播形态的发展、演化提供了可能性。相较于传统的大众媒体时代，在融媒体时代，尽管使命不变，但新形态、新业态的主流媒体在传播主流价值观时遭遇了很多新的挑战。在未来，平台化、可视化、智能化将成为媒体发展的新趋势。传统媒体尤其是主流媒体要学会整合资源，加快推动自身与新兴媒体的融合，不断满足受众群体的需求变化，为传递社会主义核心价值观提供支持，助力实现中华民族伟大复兴的中国梦。

一、主流媒体的概念

“主流媒体”一词是个舶来品，最早由美国麻省理工学院的乔姆斯基（Noam Chomsky）教授提出。在国外，“主流媒体”指的是《纽约时报》《华盛顿邮报》这类精英报纸。它们有着丰富的媒介资源，设置了新闻报道的议程和框架，其受众大多是大学教授、政治领袖、企业高层管理者这类社会精英和上层社会人士。而在我国的语境下，主流媒体由党委直接领导，体现了国家和政府的主流意识形态，传播了社会的主流价值观念，是百姓发声的“喉舌”，有着广泛的受众群体和较强的公信力。一直以来，主流媒体以党报、党刊、中央和地方广播电视台为代表，始终秉承着自身的职业理念和党媒属性，着重报道严肃的新闻内容，弘扬社会主旋律，深入贯彻中华民族的文化自觉精神。

互联网发展的语境催生了“新型主流媒体”这一全新的概念，新型主流媒体是以移动互联网为载体，通过时政新闻的报道，传递主流价值观的新型媒体形态。〔1〕但是，随着“流量红利”对移动互联网时代的全面浸透，阅读量和点击率成为新型主流媒体内容创作过程中普遍追寻的目标。为了抢占先机，部分主流媒体将“流量思维”置于内容之上，不假思索地将新兴技术套用到传统的新闻生产中，主流媒体之间过去在内容上的比拼逐渐转变成产品运营、服务体验及传播效率方面的竞争，主流媒体的产品输出也由专业的新闻报道转变为互联网内容产品。然而，“流量”从来不是融合创新最终的判断标准，对于主流媒体来说，一味地求“新”，反而容易失去其在网络时代所特有的影响力和公信力。

党媒属性赋予了主流媒体新闻传播的权威性，这是其他类型的互联网平台所不具备的，也因此主流媒体需要承担起引导舆论、服务社会、传播主流价值观的职责。2019 年 1 月 25 日，中共中央政治局第十二次集体学习大会上指出：“要抓紧做好顶层设计，打造新型传播平台，建成新型主流媒体，扩大主流价值影响力版图，让党的声音传得更开、传得更广、传得更深入。”〔2〕在融媒体时代，新型主流媒体的打造应该围绕内容、技术和运营等各个方面的创新，首先要依托技术的支撑实现高质量内容的生产和传播，同时将平台终端、技术手段与信息内容融会贯通，有效地摆脱过去受限于内容提供者的困境，只有这样才能完成融合转型的质变，产生充盈的市场效益和社会价值，同时形成广泛的社会影响力。

二、主流媒体的发展历程

主流媒体在传统媒体时代得到了长足的发展，并在互联网时代焕发新春。回顾网络时代我国主流媒体数年来的发展与嬗变，从早期的报纸电子版，到媒体网站、论坛的建立，再到如今融媒体时代全新的传播形

〔1〕李良荣，袁鸣徽．锻造中国新型主流媒体［J］．新闻大学，2018（5）：1-6，145.
〔2〕习近平主持中共中央政治局第十二次集体学习并发表重要讲话［EB/OL］.（2019-01-25）［2022-07-04］.http://www.gov.cn/xinwen/2019-01/25/content_5361197.htm.

式，主流媒体的每一次革新都离不开互联网技术的驱动。新兴传播技术的出现不仅重塑着传媒行业的生态环境，还为主流媒体在融媒体时代的创新指明了方向。如今，主流媒体正大步迈向互联网发展的“下半场”。随着云计算、人工智能、5G 和大数据等信息技术的不断参与，主流媒体的融合发展也正在大步跃进。聚焦媒体融合发展的历程，我们可以清晰地看到技术对主流媒体转型所起到的推动作用。

（一）1995—2008 年：主流媒体网络化的萌芽与成长

从 1995 年到 2008 年，主流媒体走过了迅速发展的十四年，“萌芽”与“成长”是主流媒体在这段时期发展的关键词。在互联网发展初期，网络被看作新闻传播的一种新型工具手段。1995 年 1 月 12 日，综合性刊物《神州学人》开通网站服务，成为中国首家网络新闻媒体。同年 10 月，《中国贸易报》发行电子版，成为中国第一家在国际互联网上发行的日报。紧接着，1996 年央视网诞生，1997 年人民网和新华网成立，以此三家主流媒体为代表的网络媒体矩阵初现雏形。截止到 2001 年年底，全国已经有中央、省、市、县四个级别的 8 889 种杂志、2 111 种报纸、358 家电视台、311 家广播电台实现了网络化，主流媒体的网络矩阵逐步形成。2002 年实施的《互联网出版管理暂行规定》为主流媒体的网络化发展制定了明确的施行准则。作为全国纸媒融合转型的“领头羊”，《人民日报》于 2007 年开始在全国发行手机报，成为党媒主动与现代信息技术融合的标志性事件。在这一背景之下，中国主流媒体的网络化发展迅猛，从最初的被动“触网”，转变成主动布局，主流媒体的网络新闻业务也因此呈现出从复制到创新的变化。

（二）2009—2012 年：主流媒体社交化的“自我革命”

自 2009 年诞生以来，微博凭借准入门槛低、信息发布及时、传播范围广、传播速度快等特征，将“草根表达”推向制高点，在网络媒体时代脱颖而出。信息的即时交互传播激发了网民自我表达意识的觉醒，致使传统主流媒体一度在网络媒体的自我革命中失去主动权和权威性。在信息传播方面，网民规模和“草根”媒体的日益壮大，打破了以往主流媒体聚焦于“传者中心”的信息传播模式，逐步削弱了主流媒体的议程设置能力。尤其在公共事务新闻报道方面，主流媒体的滞后性受到公众的普遍诟病。在舆论引导方面，网络环境为公众提供了自由的交流氛围，公众在公共事务的网络舆论场中处于优势地位，主流媒体所主导的主流舆论场却并未跟上形势的变化。总体来看，在这一时期，微博的出现使得媒体的信息生成与人们社交活动的关系越来越密切，当信息更多的是基于人们的社交关系流动时，传统的主流媒体不得不向社交化传播靠拢。这意味着主流媒体的传播思维和语态需要不断更新，才能跟得上社交化转变。尽管主流媒体能够做到快速入驻新浪微博等社交媒体平台，抢占信源优势，但出于被动革新的原因，主流媒体在之后很长一段时间内只能“迷茫”前行。

（三）2013—2018 年：主流媒体结构化的融合转型

在这一时期，网络传播的规则日趋完善，国家对主流媒体融合转型的政策支持力度不断加大。2013 年 11 月，党的十八届三中全会提出，要整合新闻媒体资源，推动传统媒体和新兴媒体融合发展，“媒体融合”首次成为党中央重大决议的重要内容。2014 年 8 月 18 日，习近平总书记主持召开中央全面深化改革领导小组第四次会议。会议审议通过了《关于推动传统媒体和新兴媒体融合发展的指导意见》。自此，主流媒体迎来了“融媒”这一全新的时代，传统媒体纷纷开始冲破不同媒体之间的形态阻隔，加强与新兴媒体的深度融合，布局全媒体矩阵，打造“两微一端”，深耕内容的垂直生产，大力普及“中央厨房”模式，在融合发展的道路上努力探索方向。随着网络直播平台的迅速崛起，各主流媒体也在第一时间做出了反应。2017 年，新华社正式启动“现场云”全国服务平台，与国内媒体共享成熟的“现场新闻”；《人民日报》新媒体中心上线全国移动直播平台“人民直播”，立足正能量，引导直播发展。与此同时，《人民日报》客户端发布的建军节特别报道——《快看呐！这是我的军装照》，采用 H5（即“HTML5”）动画的形式，以普通人喜闻乐见的方式，在互联网上奏响了“爱军拥军”的主旋律，上线不久浏览记录就轻松突破了 10 亿次，充分展现了人民群众对党和国家的拥护与热爱，收获了很高的社会效益。

（四）2019 年至今：主流媒体 5G 时代的全新体验

2019 年 6 月，移动、电信、联通三大运营商及中国广电集团首度获得了工信部颁发的 5G 商用牌照，中国 5G 技术的商用帷幕从此被拉开。5G 技术强化了移动媒体的主导地位。超大容量、超高速率、超低时延等特点显著提升了超高清视频的信息传输效率。以央视新闻、《人民日报》、新华社等为代表的传统主流媒体为适应 5G 技术的变革早早做好了准备。中央广播电视总台在 2019 年的春节联欢晚会上大胆启用 5G 网络，呈现 4K 成像所带来的超高清画面，让观众更加真实、直观地感受到了春晚现场的温馨氛围，更新了用户的场景化体验。受新冠肺炎疫情影响，2020 年，大众对直播形态的新闻关注度直线上升。央视新闻 5G 新媒体平台直击火神山医院、雷神山医院建造的慢直播新闻收获超 9 000 万网民的“云监工”关注，动态化的直播形式保证了新闻信息的真实性，而直播的便携性与伴随式也为公众参与抗疫提供了交互可能。展望未来，5G 技术或将彻底颠覆主流媒体的定义和发展前景，彼时不再有媒介的区分，人变成了媒介的延伸，现实与虚拟的结合把人类带入一个全新的、沉浸式的媒介时代，伴随着 VR（虚拟现实）、AI（人工智能）、AR（增强现实）等信息技术的成熟与运用，全息化、智能化、场景化的信息产品终将成为主流。

三、主流媒体在融媒体时代的创新

主流媒体是社会主流舆论传播的重要渠道，其所反映出的社会主流意识形态对中华民族主流价值观的发展有着重要的支撑效果。然而，互联网新技术在介入传媒生态之后，给一直以来居于主导地位的主流媒体带来了新的挑战。随着居民网络普及率的快速提升，网络已经成为公众获取新闻信息的重要途径。网络中纷繁庞杂的信息对网络生态构成了严重威胁，迫切需要主流媒体在把握舆论导向、弘扬社会主旋律工作中发挥中流砥柱的作用。在这一背景之下，“融合创新”已然成为主流媒体一项十分紧迫的课题。回顾数十年的发展历程与转型经验可知，主流媒体只有积极参与和实现平台迁移、内容创作、形式更迭三方面的融合革新，切实回应公众的关心所在，才能在媒体生态环境的竞争中保持住其行业“领头羊”和舆论引导者的地位。

（一）视频化：强化平台使命

主流媒体入驻新媒体平台是其在融媒体时代遭遇冲击后的一种积极应对策略。为了更好地为广大人民服务，并解决由技术革新和渠道迁移引发的用户流失问题，近年来，不少主流媒体纷纷进驻新兴媒体平台，全方位搭建传播矩阵。短视频的出现为主流媒体的平台化转型提供了新的“风口”。Trust Data 移动互联网大数据监测平台的统计报告显示，早在 2019 年，中国的短视频用户规模就已经突破了 10 亿，平均每天有 79%的互联网用户通过短视频平台获取新闻资讯。目前，绝大多数主流媒体都完成了在新浪微博和微信公众号这类社交媒体平台，以及抖音、快手等多个短视频平台的入驻。

央视新闻官方微博早在 2012 年就正式入驻新浪网，紧接着，2013 年，央视新闻官方微信和手机客户端上线。三大平台相辅相成，初步完成了“微博、微信、客户端三步走”的新媒体战略。2016 年，国内日活跃用户规模最大、发展进程最快的短视频媒体平台——抖音诞生。在此背景下，主流媒体开始纷纷进驻抖音，布局短视频新闻生产实践。2021 年，抖音粉丝排行榜显示，《人民日报》以 1.2 亿粉丝的惊人优势位列榜首，央视新闻以 1.1 亿粉丝紧随其后，位列第二。两大党媒的粉丝数量远远甩开其他上榜主播，独占鳌头。不仅如此，主流媒体旗下的内容产品也收获了网友的赞赏和传播。《主播说联播》短视频衍生栏目通过抖音平台传播正能量和主旋律，让百姓切实感受到了社会温暖，也与抖音“记录美好生活”的平台理念巧妙适配，因此，受到了抖音网友的广泛喜爱和转发；已经在传统电视媒体上播出了四十余年的王牌节目《新闻联播》上线微信公众平台，打破了过去严肃单一的新闻话语，凭借“亲民”的传播语态，吸引了全国网民的热议与互动。[1]

---

〔1〕 崔林，陈昱君，林嵩．“互动”与“亲民”：融合发展背景下主流媒体电视新闻的语态变革：以央视《新闻联播》为例［J］．新闻与写作，2019（11）：22-28.

主流媒体的平台化革新，除了积极构建自身的媒体融合平台，助力新闻信息的传播之外，还充分利用技术优势，积极推动与不同平台之间的数据共享和技术交互，深度挖掘媒体的资源整合能力。以抖音、快手为代表的短视频平台，在流量、内容、粉丝推广方面会对主流媒体进行一定的支持和倾斜。作为社会主流舆论的引导者，主流媒体汇聚了行业内顶尖的专业媒体人才和高端的技术支持，在内容生产过程中具有一定的资源优势，而平台的加持又能使主流媒体的新闻传播过程方面具备独特的优势。在重庆万州公交坠江事故的报道中，《人民日报》就凭借其资源汇聚优势，第一时间拿到了公交车的黑匣子视频资料，然后上传至短视频平台，迅速传播，使得事件的真相得以尽快还原，为公众所知晓。

（二）智媒化：颠覆内容生产

技术支撑并推动主流媒体的建设朝着更深层次发展。如今，人工智能技术在传媒行业的运用，使得信息生产的机制不断打破旧有格局，“机器”成为主流媒体生产机制中的一部分，“数字”成为融媒体时代内容生产的核心资源，“人机合一”的运作机制为主流媒体的融合生产带来了诸多历史性的变化。如作为全媒体平台的“中央厨房”，其生产机制和分发模式可以使整个集团的资源得以共享，最大限度地利用新闻素材和传播平台，在编辑阶段还能根据不同媒体的特点生成内容，避免内容同质化。自 2015 年全国“两会”以来，中央广播电视总台就多次凭借“中央厨房”的技术优势，立足全媒体平台，在“两会”新闻报道中大放异彩。

除了生产机制的智能化之外，主流媒体的新闻内容也更具亲民性。在社交媒体背景下，有着显著情感倾向的传播内容更容易获得受众的关注。与过去纸媒时期相比，主流媒体宏大话语方式的内容叙事更加贴近民众的情感。比如，在中国人民海军成立七十周年之际，《人民日报》的官方抖音账号剪辑发布了特别视频报道，视频中的阅兵步伐完美结合了背景音乐的鼓点，组成了一整套连贯的阅兵镜头，不仅获得了平台近两亿的播放量，还激起了全国百姓的强烈共鸣。除了具备作为党媒所必须具有的宏大报道框架和承担舆论引导的责任之外，《人民日报》抖音视频号更加注重对初入职场的青年、外卖配送员、快递员等普通人群，尤其是社会弱势群体的关注，在表达话语上也打破了传统的官方叙事，以更加温情柔软、贴近人心的方式传递着主流媒体的价值能量。[1]

（三）场景化：深耕形式创新

基于大数据技术的信息解读模式层出不穷。近年来 H5 新闻、Vlog（即“视频网络日志”）新闻、新闻游戏等可视化的报道形式不断延展。为了适应信息传播形态的更新，以《人民日报》、央视新闻为代表的主流媒体也进行了许多年轻化的尝试。《人民日报》全媒体平台在 2016 年全国“两会”期间创新性地采用“微信群聊”的形式，推出 H5 报道作品《人大新闻发布群：傅莹邀请您加入群聊》，通过模仿微信聊天界面交互式的对答场景，趣味地展示了“两会”新闻发布会上大家关心的话题。作品上线 24 小时，点击量超过 300 万次，成为“刷屏”朋友圈的“爆款”新闻产品；同时期发布的《北京的哥“舌战”五位部长》《人民日报中央厨房看盘“十三五”》等 H5 新闻报道，分别采用了出租车场景和股票场景，同样获得了网友的一众点赞和好评，成为主流媒体尝试场景化报道的成功标杆。与此同时，央视新闻率先开始试水 Vlog 新闻报道。2019 年 11 月 9 日，央视新闻在社交媒体平台发布“康辉的第一支 Vlog”，在接下来的几天中又连更 6 支，其中，仅“大国外交最前线”的视频就收获了 1 440 万次的播放量。“康辉 Vlog”系列报道以年轻人喜闻乐见的新媒体形式传播时事政治，打破了传统新闻的刻板模式，消除了传播者与受众之间的距离，亲切活泼的视频画风惹得网友们纷纷催更并感叹“没想到自己有一天竟然会追央视的 Vlog”。

技术的革新带来了主流媒体信息产品形式的多样化。一方面，像“Vlog+新闻”这类第一视角化的新闻报道，兼具社交互动、新闻直播和纪录片的多重属性，能够有效统一主流媒体的权威性和新媒体的便捷

---

〔1〕张志安，彭璐．混合情感传播模式：主流媒体短视频内容生产研究：以人民日报抖音号为例［J］．新闻与写作，2019（7）：57-66.

性，打破时空距离的限制，满足了当今受众日趋差异化和多样化的需求。另一方面，在5G技术支持下，由数据形成的实体场景和VR技术生成的虚拟场景都有可能成为信息传播的新场景。在未来，场景将成为主流媒体革新的重要方向。正如罗伯特·斯考伯（Robert Scoble）和谢尔·伊斯雷尔（Shel Israel）在《即将到来的场景时代》一书中给我们展示的那样，移动穿戴设备、定位系统、大数据和传感器等技术为人类建构了一个真实可感的未来场景时空。如今，身处融媒体时代的主流媒体也正试图将信息服务与场景感知相匹配，极力寻求自身在移动场景时代的新出路。

第二节　主流媒体面向青少年的传播策略

作为社会的传播“瞭望哨”，主流媒体肩负着传播主流意识形态和弘扬社会主义核心价值观的责任使命，应当“让正能量更强劲、让主旋律更高昂”。在新的时代背景下，主流媒体对于年轻一代的思想意识教育更加显得任重道远。青少年是国家的未来和民族的希望，中国共产党立志于中华民族复兴的千秋伟业，必须培养一代又一代跟随中国共产党的领导，深刻认同社会主义制度，立志为中国特色社会主义事业奋斗终身的栋梁之材。在对青少年的引导和教育过程中，主流媒体是一个不可或缺的重要角色。其传播的意识形态与思想教化对于青少年的身心发展具有深远意义。

随着信息技术的日新月异和媒介生态环境的变革，广播、报纸等传统媒体渐渐在青少年一代中“退居二线”。新媒体以其开放性高、门槛低、互动性强等特性成为大众传播的新载体和驱动力。“90后”“00后”的青少年一代作为“数字原住民”，在互联网环境中出生并成长，通过新型媒体不断接受新信息，是使用网络和各类社交媒体最频繁的群体。微博、微信、短视频等社交媒体已经成为青少年日常生活中不可或缺的信息渠道。与此同时，社交媒体的普及和使用深刻地影响和改变了当代青少年的生活方式和思维方式，成为他们认知外在世界的“万花筒”。如今，互联网与青少年的日常生活、学习联系日益密切。越来越多的青少年已经进入了尼古拉斯·尼葛洛庞帝（Nicholas Negroponte）所言的“数字化生存”模式中。

然而，互联网也有其泥沙俱下、鱼目混珠的一面，在“人人皆有麦克风”的传播生态中，官方话语、精英话语、“草根”话语同台竞技，共同争夺舆论场的话语权。其中不乏一些“逆主流”的符号与价值观，以及极具崇洋媚外、尊崇享乐拜金主义的思想观念，导致主流意识形态的话语权不断被“下放”，主流文化也不断地遭受着冲击和消解。纷繁复杂的网络环境由于缺乏严密的把关机制，因此，也为色情低俗、媒介暴力等不良信息提供了滋生的土壤。而青少年在网民中的比重比较大，是网络信息传播负面影响的直接承受者。网络不良信息对于青少年价值观的形塑及身心健康的发展都带来了诸多挑战与风险，缺乏思辨意识和理性批判能力的青少年若长期处于此种信息环境的熏染之下，极易迷失方向。〔1〕因此，主流媒体作为社会大众的风向标与理想旗帜，绝不应在引导青少年健康成长中“缺位”和“失声”。

此外，在各类新媒体蓬勃发展的互联网时代，很多年轻人基本不通过传统媒体渠道关注主流媒体，而是通过网络渠道获取大部分信息。主流媒体必须正视这个事实，积极转型，掌握舆论主动权。在这样的政策背景和网络发展趋势下，一大批由传统媒体转型而来的新型主流媒体正在积极抢占社交媒体的舆论高地，它们通过改变传播策略、调整话语姿态、革新交流风貌等来吸引青少年积极与之互动。这些媒体日益担负起巩固主流思想文化阵地、壮大主流思想舆论、增强国家文化软实力的重任。若把青少年比作一艘劈波斩浪的行船，那么主流媒体便是引领海浪翻涌向前的行船掌舵者，一路以高昂向上的风范勇往直前。

一、革新传播语态，多彩文化样态唤起情感共鸣

一直以来，青少年都是最需要主流意识形态教化的群体。然而，主

〔1〕刘郁．提升网络媒介素养，呵护青少年心理健康：评《网络信息传播与青少年心理发展》［J］．传媒，2021（20）：98．

流媒体与青少年群体之间不仅存在着代际区隔，还隔着主流文化与青年亚文化之间的屏障。由于大多数的主流媒体都是官媒、党媒，其定位高、覆盖群体广，因此，其以往所传播和报道的内容往往更倾向于宏大叙事，报道的内容主要以时政、经济等领域的内容为主，缺乏亲和力和人情味，导致青少年往往对主流媒体有着一定的刻板印象，认为主流媒体的传播内容不符合他们的欣赏品位。

在新媒体时代，主流媒体若想赢得青少年的青睐，希望通过自身的传播让青少年认同与支持主流文化，首先要做的就是“放下身段”，转变其一贯严肃高冷的话语姿态。以往青少年对主流媒体持古板、严肃的印象，对其“教堂式”“教导型”传播语态感到疲乏，一系列主流思想栏目与文化传承项目也遇到了不少阻碍和挑战。基于此，主流媒体在组织传播策略前，需要对自身的传播话语姿态进行调整，真正去了解青少年的所思所想，吸纳青少年喜闻乐见的文化形式与特征，采取青少年喜爱的交流模式，在内容上加强建设。在这一方面，许多主流媒体都做出了卓有成效的探索与尝试，值得学习与借鉴。

首先，选择青少年偏好的新型社交媒体平台作为传播载体。在社交媒体时代，故步自封，只走传统的传播路径是行不通的。许多主流媒体为了打破与青少年之间的壁垒，主动融入青少年的社交圈层，吸引他们的注意。哔哩哔哩（B 站）是以 ACG［即 Animation（动画）、Comics（漫画）、Games（游戏）的首字母缩写，是动画、漫画、游戏的总称］文化为核心的青年亚文化交流社区，也是中国最大的青年内容创作传播渠道，其主要面向的受众群体就是青少年。2019 年下半年，央视新闻正式入驻 B 站。为了适应 B 站这一社交平台的整体风格及平台中青少年群体的网络行为特征，央视新闻在 B 站上发布的短视频不仅有包罗万象的内容，还以轻松的解说和欢快的音乐来吸引青少年，在标题上也结合了当下网络热门的流行语，充分适配了青少年的趣味性和反思性的偏好。截至 2022 年 1 月 12 日，央视新闻在 B 站共上传了 3 936 个视频，收获粉丝 791.4 万，获赞 1.8 亿。由此可见，以央视新闻为代表的主流媒体利用 B 站这一传播渠道，扩大了其在青少年中的传播影响力。央视新闻入驻 B 站是中央电视台作为主流媒体运用网络新技术、新应用吸引青少年注意的创新之举，也是进一步贴合社会大众媒体使用新习惯的战略调整。以玩梗、表情包大作战、弹幕攻击等新形式来接招与应对，更是展现了主流媒体的大格局，“康辉 Vlog”、《主播说联播》合集在 B 站上更是圈粉无数。许多不爱关注国家大小事的青少年也纷纷加入这场主流媒体转型的“狂欢”，簇拥主流媒体的革新之举。不过需要注意的是，主流媒体在运用“年轻化”的视听语言的同时，一定要坚守主流价值观的底线，避免为了迎合青少年而过度娱乐化。

其次，在传播内容上，主流媒体开始以平等的姿态，主动接纳与拥抱青年亚文化，让主流文化与亚文化共融共生。2020 年 5 月 4 日，正值五四青年节之际，B 站上线了一部宣传片《后浪》。这一特别的演说节目激起了青少年的鸿鹄之志。《后浪》由国家一级演员何冰进行讲演，由《光明日报》《中国青年报》《环球时报》《新京报》、澎湃新闻和观察者网 6 家主流媒体联合发布，截至 2022 年 1 月 13 日，已有 3 298.2 万次播放量、28.8 万条弹幕、181.6 万次点赞和 118 万次转发量，成为年度最具话题性的事件之一。在纪录片中，主流媒体一改社会对 Z 世代[1]的偏见与质疑，转而以青少年是未来主人公的视角，用激励、振奋的语言驱动他们勇往直前，这一破圈与出圈的文化传播行动转变了主流媒体在青少年心中的地位。青少年的话语权和影响力得到了认可，小众的青年亚文化也被主流媒体代表的主流文化思想接纳和收编，唤起了万千青少年心中的理想之光。

最后，在传播话语上，网络流行语能够促进主流文化和青少年群体亚文化的对话和融合。积极创新、合理使用网络流行语有利于拉近和青少年群体的距离，强化主流意识形态对青少年群体的吸引力。[2] 为了

---

〔1〕 Z 世代，也称为“网生代”“互联网世代”“二次元世代”“数媒土著”，通常是指 1995 年至 2009 年出生的一代人。他们一出生就与网络信息时代无缝对接，受数字信息技术、即时通信设备、智能手机产品等影响比较大。

〔2〕 郭亮，王永贵．网络流行语产生、传播流变对青少年主流意识形态认同的影响及启示[J]．思想教育研究，2019（4）：103-107.

消除与青少年之间的隔阂，近年来，多家主流媒体搭建的“多屏共振”的社交媒体传播矩阵，遍布微博、B 站、抖音等年轻人喜爱的平台，构建的话语体系与青少年的相似，形成共通的意义空间。在这些新型媒体平台上，主流媒体不做过多拘束，以平等的姿态与网友亲切互动、留言、抽奖等，大玩年轻人爱用的表情包和各类网络流行语，比如，使用“硬核”“超燃”等短语，既守住了主流媒体的底线，又贴近了青少年的表达偏好。

二、打造偶像标杆，以榜样精神引领青少年未来成长

当下的青少年群体正处于价值观的形塑时期，极易将情感投射于明星偶像上，将明星偶像作为榜样，模仿学习，并在这一过程中进行自我建构和自我发展。这一行为本无可厚非，然而在多元文化的冲击下，娱乐肤浅、享乐拜金等不良价值倾向也会通过偶像崇拜向青少年进行无形的思想渗透，并在一定程度上影响和改变他们的认知行为方式。[1] 一些青少年盲目追星，荒废学业，肆意挥霍金钱，甚至为了维护偶像而实施网络及现实暴力，给自身和社会都带来了负面的影响。新时代的追星不应该是疯狂之举，不能盲目为娱乐圈的人设买单，而是应该注重历史传统和时代精神，以英雄烈士、时代楷模等优秀人物为榜样，将这些人物的品行注入日常学习、工作中，使其成为逐梦路上的精神支柱与理想风帆。在这一过程中，主流媒体不仅需要帮助青少年找到合适的追逐目标，也要对“偶像”进行深入介绍与引导，给青少年灌输正确的偶像崇拜观，以偶像标杆人物的突出品质和榜样精神引领青少年未来的成长。

湖南卫视原创青少年节目《少年说》在 2019 年已经迎来了第四季的录制。节目自 2018 年暑假开播以来，录制了上万名青少年的心声，共计播出了 800 余个故事。这档节目让观众在了解“00 后”“10 后”的同时，与可爱的青春共鸣，感受成长的力量。《少年说》作为一档深

---

〔1〕 陈赛金．青少年偶像崇拜文化的变迁与引导［J］．思想理论教育，2020（9）：97-102.

度对话青少年心灵的节目，全方位展示了新一代青少年心声的多元表达，塑造了新一代青少年积极向上、有担当、有个性、敢于有梦、勇于追梦的形象。节目主题紧扣时代发展，聚焦代际沟通中的“疑难杂症”，将思考的触角延伸到社会价值观的传播层面，充分展示出了青少年文化引领者的责任与担当，其中登台的不乏展现了一些优秀、有想法、有思考的有志青年。青少年通过观看这档节目能够以自身处境和条件反思自己前进和发展的方向，找寻为梦想执着奋斗的动力。主流媒体通过《少年说》这一节目形式，用平等的姿态倾听少年的声音，打破了传统的灌输式教育，转而以朋辈榜样这一温润的形式输出正确的价值观，描摹出当下中国励志少年的时代群像。

除了省级卫视的代表性节目之外，近年来不断涌现的素人偶像和平民青少年网红也成为一大热点。2020 年年末，藏族少年丁真爆红。在甘孜州苍茫的高原之上，一位清澈纯真的少年走入大众的视线。条件艰苦、生活艰辛没有抹去他热爱生活、勤勉劳作的希望。为家乡拍摄宣传片、与当地博物馆签约成为旅游大使，丁真用自己纯净无邪的赤子之心和坚持不懈的奋斗精神向世人传递出对家乡和生活的热爱，先后被多家主流媒体和网络新媒体报道。2021 年 7 月 6 日起，与人民文旅携手创作的 8 集文旅环保系列短片《丁真的自然笔记》播出。短片把这位少年和他的成长历程推到了更多人的面前。主流媒体力捧的“青年网红”，在新媒体时代成了新的象征符号，是青少年一代前进的标杆与楷模。不同于以往“玩物丧志”式的追星文化，新时代的偶像必定拥有可供大众学习的榜样品质，能够引导社会大众朝着正向、美好的生活前行。B 站、抖音将不少年少成名的素人网红作为宣传对象，制作出了成千上万条短视频与宣传片，经过主流媒体的进一步报道越发深入人心，给青少年指引方向。

三、培养健全人格，提高青少年的媒介素养与思辨能力

青少年沉迷于网络并接触网络不良信息极易导致其社会交往能力的退化，影响其健全人格的形成，因此，对于被各种网络主义思潮和不良

信息包围的青少年而言，如何培养其理性判断和思考的能力是非常重要的。主流媒体对提升青少年的媒介素养有着不可推脱的重任。新媒介素养的内涵重点强调对媒体的综合使用能力、对信息的生产和传播能力，以及对媒介化社会的适应能力。在新媒体时代，针对青少年的教育阶段与成长特性，主流媒体的传播策略也应在提升青少年的媒介素养，促进其树立主人翁意识及参与社会民主进言献策等方面着力下功夫。

随着互联网时代的高速发展，大众生活进入了以新媒体作为信息传播主渠道的“数字化生存”时代。在消费文化、动漫文化等多元文化盛行的新媒体环境下，青少年要学会辨别信息真伪，判断媒体传播的信息价值，学会通过媒体信息渠道准确搜寻到自己所需的信息。[1] 在这一过程中，主流媒体更要加强导向作用，为青少年创造良好的媒介环境。首先，主流媒体要注重挖掘传播内容的深度，以中华优秀传统文化为依托，增强对青少年的教育能力。近年来，许多优秀的中华传统文化节目如《中国诗词大会》《国家宝藏》等都深受青少年的喜爱，让青少年在主流媒体的引领下进一步感受中国深厚的历史文化底蕴，增强文化自信和审美能力。其次，主流媒体在社交媒体上要为青少年的意见、观点交流提供多样选择的渠道，并且积极加强舆论引导，引导青少年关注社会发展，对社会问题做出理性适宜的判断和思考，增强辩证批判性意识与思维，逐步培养其信息生产能力，提升其参与公共事务的热情。

此外，主流媒体也可以创新传播模式和互动交流机制，积极借助新媒体技术，建立与青少年互动的新平台，并且开放媒体实践交流的窗口，为青少年的媒介实践体验提供更多样化的渠道，培养其主人翁意识。在 2017 年“两会”期间，主流媒体人民网创新传播形式，运用 AR 技术，将实景与虚景结合，推出了两分钟的动画短剧《剧透全国“两会”》。这一短剧颇具新意，一经推出便受到了广大网友尤其是青少年的好评，不到一天时间，新浪微博阅读量就达到了 50 万次，《人民

---

〔1〕 董小玉，金圣尧．青少年媒介素养的内涵与培育——基于新媒体时代的讨论［J］．青年记者，2019（25）：20-21.

日报》客户端收获了53万次的点击量。当然，主流媒体还可以借用新型媒体技术打造专属于青少年的App客户端，搭建起观点沟通与交流的桥梁，并不定期邀请业界、学界权威人士为青少年进行指导和交流，为培育青少年学子茁壮成长添砖加瓦。

四、激扬正义之流，增强青少年的政治认同感与文化自信

政治认同感能够凝聚起社会共识，推动我国的社会政治文明发展。青少年时期是建立和培养国家政治认同感的重要时期。当前我国正处于社会转型的关键时期，各种思想价值观与意识形态的碰撞冲击着青少年对我国主流意识形态和社会主义核心价值观的认同。如何增强青少年对国家政治的认同感是非常重要的一个命题。主流媒体作为舆论传播与引导的主阵地，在面向青少年群体进行传播的过程中，要不断革新传播策略，培养青少年的政治认同感和文化自信。

在很长一段时间内，主流媒体的传统模式的宣传教化工作在面对青少年时收效甚微，甚至会引起反作用，那是因为，“说教式”的传播语态并不符合青少年的思维方式和习惯。事实上，青少年并不排斥主流媒体的正向的政治宣传。年轻一代往往有强烈的爱国主义情感，对国家的未来也充满自信和认同感。青少年高涨的爱国热情和民族自信成为主流媒体最强大的内核驱动。2019年，不少中国艺人因发声支持香港而遭到香港示威者的威胁和辱骂。“饭圈女孩”与“帝吧网友”共同“出征”，自发集结成数量庞大的“网络远征军”，用特有的饭圈文化，在海外社交媒体上向发表“港独”言论的人开战，只为“守护全世界最好的阿中”。在此次事件中，主流媒体也纷纷发声，对该行为表示赞同与肯定。2019年8月17日，微信公众号平台“中央政法委长安剑”发文评“帝吧出征”，指出“他们今天的答案，就是我们这个国家明天的模样”〔1〕。这在某种程度上说明主流媒体公开认可了此次“网络民族

〔1〕 长安君．饭圈出征！帝吧出征！是什么让年轻人一夜长大？［EB/OL］．(2019-08-17)．［2022-01-22］．https：//mp.weixin.qq.com/s/7v4z3ozLOkHnLpDrYqxOcQ.

主义行动”，而主流媒体的认可又进一步强化了青少年的社会责任感和国家荣誉感，增强了其对国家政治的认同感。

由此可见，主流媒体通过互联网时代的新型社交媒体进行议程设置，悉心构建和发展理性网络舆论环境，不仅有利于激发和培养青少年的政治认同感，还有利于激发青少年的爱国主义、集体主义精神，提高青少年的政治参与热情。此外，主流媒体主动地融入公共生活之中，也能进一步打破与青少年之间的交流隔阂，增强实际的传播影响力。

在媒介融合的浪潮下，主流媒体在不断地革新传播方式，积极抢占话语权。但需要注意的是，主流媒体在面向青少年群体传播时，必须要坚守正确的政治方向和舆论导向，避免出现过度娱乐化、煽情化，以及引导不足等问题。尼尔·波兹曼（Neil Postman）曾指出：“一切公众话语都日渐以娱乐的方式出现，并成为一种文化精神。我们的政治、宗教、新闻、体育和商业都心甘情愿地成为娱乐的附庸。”[1] 当前，主流媒体在面向青少年传播时，采取了一系列的方式，例如，利用网络化的传播话语、娱乐性的传播内容、人格化的媒介形象来吸引青少年。不可否认的是，这样的传播策略拉近了主流媒体与青少年之间的距离，但也会引发过度娱乐化的问题，导致严肃的新闻议题被消解，转而变成官方与青少年之间的“亚文化集体狂欢”。此外，主流媒体若过于强调情感表达而进行非理性报道，也会导致青少年在情绪驱动下丧失理性思考能力，产生群体极化和网络暴力等问题。

党的十九大报告中强调：青年兴则国家兴，青年强则国家强。对青少年的思想教育要从小抓起，把握青少年价值观形成的关键时期，引导和帮助他们扣好人生的第一粒扣子。随着各类新兴的媒体技术蓬勃发展，面对良莠不齐的网络信息，为青少年创建一个具有科学性、趣味性的健康网络环境已刻不容缓。主流媒体作为帮助青少年规避不良信息的关键一环，如何使用恰当的传播策略来把握青少年的心理仍然是非常重要的议题。主流媒体若要进一步加强主流价值观向青少年群体的辐射和

---

〔1〕 尼尔·波兹曼．娱乐至死［M］．章艳，译．桂林：广西师范大学出版社，2004：4.

渗透，则必须切实发挥好其传播力的综合效应，除了不断地创新传播内容和革新传播策略外，更要进一步优化主流价值观对青少年的宣扬路径，拓宽主流价值观的传播渠道，将主流价值观深深烙印在青少年的脑海里。主流媒体对主流文化的宣扬绝不是口号式的传授与一板一眼的教导，而是从根源上了解青少年的心理特征和发展规律，贴合青少年的愿望与诉求，从青少年的成长困顿着手进行正确引导，及时扫清迷茫，重导航向，让青少年清醒认识到自身肩负的责任与使命，将热血挥洒在实现中华民族伟大复兴的征程上。

第三节　主流媒体对马克思主义新闻观的践行

2016 年 2 月 19 日，习近平总书记在党的新闻舆论工作座谈会上发表了重要讲话，指出，“新闻观是新闻舆论工作的灵魂。要深入开展马克思主义新闻观教育，引导广大新闻舆论工作者做党的政策主张的传播者、时代风云的记录者、社会进步的推动者、公平正义的守望者”〔1〕。这一重要论调明确了新闻工作者要担负起的神圣职责。在个人表达意志彰显和传统媒体话语权被削弱的当下，主流媒体深刻学习、领悟并践行马克思主义新闻观显得尤为重要。

一、马克思主义新闻观的历史发展

“马克思主义新闻观”这一概念，最早体现在马克思、恩格斯的早期著作中。通过对马克思主编的《新莱茵报》进行历史回溯，我国学者陈力丹发现马克思主义新闻观最早可能发端于《新莱茵报》第 15 号。创刊于 1848 年的《新莱茵报》是当时无产阶级同盟的机关报，凝聚着马克思和恩格斯的办报理念和实践经验。他们尤其强调报刊在宣传和组织方面的重要作用，主张报刊要忠实充当人民的“喉舌”，维护人

〔1〕 习近平在党的新闻舆论工作座谈会上强调：坚持正确方向创新方法手段？提高新闻舆论传播力引导力[EB/OL].(2016-02-20)[2022-07-04].http://cpc.people.com.cn/n1/2016/0220/c64094-28136289.htm

民的民主利益。1847年，马克思和恩格斯在《德意志-布鲁塞尔报》中首次提出了“党性”概念，但并未在党报的性质中提及“党性”，而是从政治立场出发，强调党报的斗争性，即要勇于展开新闻批评。随着俄国革命事业的推进，列宁继承了马克思主义思想，在革命斗争与办报实践中，明晰了党报的“党性”原则，认为党报必须受到党的监督，此外，列宁还认为，报纸应该充分发挥宣传思想、启发民智的功能。列宁的新闻思想为马克思主义新闻观注入了新的内涵，成为社会主义新闻理论体系的重要组成部分。

十月革命一声炮响，不仅为我国送来了马克思列宁主义，还将马克思主义新闻观的春风吹向了我国的新闻事业，同时开启了马克思主义新闻观的中国化进程。根据中国长期的革命斗争和政权建设实践，毛泽东同志创造性地提出“政治家办报”“全党办报，群众办报”等理论思想，为党如何通过新闻媒体创建和发展中国共产党、武装夺取政权等一系列革命和社会主义建设任务提供了行之有效的方案。同时，毛泽东同志强调党报要坚持党性原则，无条件地宣传中央的政策、方针和路线。毛泽东的新闻思想是马克思主义新闻观与中国具体实践相结合的重要结晶，是我国新闻事业的指导方针。

改革开放后，我国的新闻事业迎来全面回暖。邓小平同志根据社会主义建设的实际情况，对我国的新闻工作做出了重要指示，例如，新闻工作者在从事新闻事业时要把社会效益放在首位，新闻宣传工作要适应国家经济政治发展需求。邓小平的新闻思想是马克思主义新闻观结合中国国情的又一次深化。江泽民同志分析了社会主义新闻事业发展对社会主义事业建设的重要意义，他强调：我国的报纸、广播、电视等媒体是党和人民的“耳目喉舌”；新闻工作要始终坚持党性原则；不仅要唱响主旋律，还要打好“主动仗”；等等。这些理论思想澄清了当时中国新闻工作中对马克思主义新闻观的模糊认知，为马克思主义新闻观打上了时代的烙印。

党的十六大以后，中国共产党第一次鲜明地提出将科学执政、民主执政、依法执政作为执政党建设的目标。胡锦涛同志对中国新闻业提出了“三贴近”的工作方针，即“贴近实际、贴近生活、贴近群众”；他还鼓励新闻从业人员“走基层、转作风、改文风”，使新闻报道贴近群众生活。胡锦涛的新闻思想回答了如何进行新闻宣传及规范新闻工作者队伍的问题，是在信息化时代下对马克思主义新闻观的新解读。

党的十八大以来，习近平同志从党和国家工作的实践经验出发，根据时代特征，创造性地提出了许多新的理论思想，展现了马克思主义新闻观中国化的最新成果。例如，2016 年 2 月 19 日，在党的新闻舆论工作座谈会上，习近平同志创造性地用“一项重要工作”“一件大事”“五个事关”定位新闻工作的性质。习近平新闻思想是对技术变革潮流的顺应、对新时代传媒格局的把握，具有新时代的特色，为马克思主义新闻观的中国化谱写了新的篇章。

二、马克思主义新闻观的内涵

马克思主义新闻观与生俱来的基本特点是科学性、先进性，在经历了马克思和恩格斯、列宁，以及以毛泽东为代表的中国共产党人的继承和发展后，在我国逐步形成了系统科学的理论体系，不断焕发出新的生命力。它是指导我国社会主义新闻工作的思想基石。具体而言，我们可以将马克思主义新闻观概括为党性原则、人民中心观念、正确舆论导向和尊重新闻规律四个方面。〔1〕

（一）党性原则

党性原则是马克思主义新闻观中最基本、最核心的原则，具有统领性。1942 年延安整风运动时期，首次明确地把党性、群众性、战斗性、组织性概括为党报的四大品质，其中，党性居于统领地位，群众性、组织性、战斗性统一于党性之下。社会主义新闻事业的党性原则要求新闻工作者积极准确地向社会传递党的方针、政策，在政治上以党的理论武装自己，在思想上以党的思想作为新闻工作的理论基础，在组织上服从

〔1〕 杨保军．当前我国马克思主义新闻观的核心观念及其基本关系［J］．新闻大学，2017（4）：18-25，40，146.

党对新闻事业的领导。坚持党性原则，最根本的是坚持党对新闻舆论工作的领导。

（二）人民中心观念

马克思主义新闻观强调新闻媒体既是党和政府的“喉舌”，也是人民的“喉舌”，突出了新闻工作中以人民为中心的重要性。马克思主义新闻观的人民中心观念主要有两个方面：其一，新闻工作者必须将全心全意为人民服务作为新闻工作的理念，贴近人民群众的生活，反映人民群众的问题；其二，新闻舆论工作依赖人民群众，要与人民群众保持紧密联系，始终坚持以人民为中心，把实现好、维护好、发展好最广大人民的根本利益作为一切工作的出发点和落脚点。

（三）正确舆论导向

舆论是指人民群众根据固有的价值观，对特定的社会议题进行持续性关注而形成的“共识性意见”。新闻报道能够引发公众舆论，更能代表舆论，因此，媒体在进行新闻工作时，必须要坚持正确舆论导向，避免发生舆论反转、次生舆论等问题。坚持正确舆论导向，有利于弘扬社会主义核心价值观，培养人民群众对社会主义制度的认同感，巩固中国共产党的执政地位，促进社会改革创新、发展进步，增进全国各族人民的感情，塑造和谐稳定的社会舆论环境。

（四）尊重新闻规律

新闻活动是人类的活动形式之一。真实性和客观性是新闻规律的要旨，任何新闻从业人员在进行新闻采集、制作、报道的过程中都不允许违背。先有事实，后有新闻，尊重新闻规律，依据新闻规律进行传播报道、政策宣传，是做好新闻工作的必要条件。在技术不断更迭的浪潮下，要不断探索新闻规律，发展新闻规律，创新新闻舆论工作理念，为新闻事业的长远发展打下良好基础。

三、主流媒体践行马克思主义新闻观的路径

数字应用技术和网络新媒体的发展对新闻报道和传播过程产生了深远的影响。马克思主义新闻观作为主流媒体新闻报道的理论基础和思想

基石，亦受到了不良信息、商业化逻辑等的冲击。面对变幻莫测的传播新格局，主流媒体应当牢牢坚持和发展马克思主义新闻观，借数字应用技术等新媒体，系统地践行马克思主义新闻观，凝聚社会正能量，推动实现社会主义现代化建设和中华民族的伟大复兴。

（一）落实党性原则，坚持党对新闻媒体的领导

我国的新闻事业是社会主义事业中的重要组成部分。主流媒体是党和政府进行新闻传播、舆论引导的重要工具，因此，主流媒体在进行新闻制作、报道、传播的过程中要始终落实党性原则，服从党的领导。新闻工作者要主动学习处于发展中的马克思主义新闻观，研读党内的政策和文件，深刻理解党的新闻舆论思想，领悟国家领导人的讲话精神，跟随党的步伐，不断革新，用最新的理论知识武装自己，在思想上、行动上、政治上与党保持高度一致；同时，要对新闻工作者开展政治教育，开展学习马克思主义新闻观的系列讲座和教育培训，提高其思想政治水平。

新闻工作者落实党性原则并非一朝一夕，还要求中国共产党加强对新闻媒体的领导，系统部署新闻媒体建设发展目标，利用融媒体等新技术推动形成“中央—地方—乡镇”一体的传播格局，设置新闻事业从业人员准入门槛，培养各级新闻工作者的大局意识，促进新闻业自我革新，牢牢掌握舆论主导权。

（二）坚持以人民为中心，懂民众所需，为人民服务

马克思主义新闻观认为，媒体肩负着社会桥梁的责任，它既是党和政府的“耳目喉舌”，又是人民群众的“传声筒”，代表着广大人民的根本利益。主流媒体作为最具权威性和话语权的媒体，需要切实关注人民群众的利益，回应人民群众的关切，始终为人民服务。2020 年年初，突如其来的新冠肺炎疫情让国家按下了“暂停键”，更让不少人民群众陷入恐慌、迷茫的状态，亟须了解新冠肺炎疫情的相关信息。为了让人民群众更好地了解武汉的抗疫情况，央视频 App 开启《疫情二十四小时》直播端口，通过固定机位、无剪辑、慢直播的形式，24 小时全程展示雷神山、火神山医院的建设过程。这一场慢直播让隔离在家的网友

当起了“云监工”，更成了深刻的集体记忆。此外，面对人民群众关切的新冠肺炎疫情的相关信息，《人民日报》利用算法、大数据等数字应用技术，实时发布各省市新冠肺炎疫情的动态，对不实谣言进行解读，帮助辟谣，使人民群众了解疫情最新情况。[1]

主流媒体牵挂人民群众、始终为人民群众保驾护航的为人民服务的观念不仅在疫情报道中得以体现，还渗透于社会生活中的方方面面。近年来，网络兼职刷单、“杀猪盘”诈骗、保健品消费陷阱等不良信息问题层出不穷，严重扰乱了人民群众的生活。面对这一严峻的形势，2021年10月中旬，全国共50家主流媒体在“全国主流媒体社长总编主题采访活动”中发起了“防范新型网络诈骗”联合行动，意图通过技术加持和媒体间的互联互通，提高群众的警惕性和不良信息辨别能力，推动全民反诈骗。主流媒体践行马克思主义新闻观，需要始终坚持以人民为中心，灵活应用新媒体技术，创新报道形式，贴近人民群众的生活实际，了解人民所需，全心全意为人民服务。

（三）坚持正确的舆论导向，团结人民群众

坚持正确的舆论导向，有利于团结民众、稳定民心，是弘扬社会主义核心价值观的有力保障，是促进人民群众思想进步的有效途径，更是马克思主义新闻观的题中应有之义。而在新媒体技术“下放”的时代，观点发表更加便捷，不良信息不易被发现，网络成为舆论的主阵地，受众对热点事件比以往任何时候都要敏感，迫切需要正确的思想意识形态进行价值引导，这呼唤着主流媒体进行舆论引领。2020年10月12日，一篇名为“我潜伏上海‘名媛’群，做了半个月的名媛观察者”的文章引发网友热议。“拼单名媛”一词进入公众视野。该文章揭秘了社交平台“人均名媛”的假象。主流媒体迅速通过评论、采访等形式，呼吁社会公众崇尚理性消费、抵制享乐主义，以此推动了社交平台的自查，例如，小红书启动了“啄木鸟”计划以严打用户虚假推广行为，

〔1〕 高宏雁．探析融媒体时代主流媒体如何践行马克思主义新闻观［J］．西部广播电视，2021，42（14）：46-48.

维护了正确价值观的导向作用。

主流媒体要通过以下三种方式发挥舆论导向使命：第一，要增强新闻舆论工作的针对性，善于通过议程设置设置正确议题，增强传播力和引导力。第二，要勇于开展舆论斗争，旗帜鲜明地反对、抵制错误观念，利用融媒体平台，搭建响应舆情的垂直化平台，运用网络了解民意、预测舆论走向，构建舆论引导的新格局。第三，要积极构筑新闻报道中的正面形象，宣传先进人物的价值观，通过弘扬主旋律，塑造良好的社会舆论环境。例如，在中国共产党成立一百周年之际，《新闻联播》推出了“中国共产党人的精神谱系”系列专题，通过新时代先进党员的生动案例，以平实的语言、动人的事迹，刻画了许多正面形象，弘扬了党的精神，鼓励人民群众学习先进人物的价值观，提高自身道德修养，为塑造社会和谐舆论环境做出了贡献。

（四）尊重新闻规律，提升媒体从业人员的专业素养

马克思主义新闻观中的新闻规律即新闻传播过程中的客观规律，主要包括新闻传播规律、新闻价值规律、新闻宣传规律等。然而当前新闻事业的发展中依然存在片面追求新闻的时效而忽略社会效益、片面追求轰动效益而忽视新闻真实性、片面追求商业利益而忽视新闻客观性等的问题。以中国环球电视网微博官方账号 CGTN 为例，2021 年 5 月 22 日上午 10 时 48 分，CGTN 发布了中国杂交水稻之父袁隆平院士去世的消息。此消息一经发布，获得了大量媒体的转发，举国上下弥漫着哀恸的情绪，然其后该消息被证实为不实信息，受到了万众声讨。媒体在发布资讯时只为求快而不去核实信息来源，是不负责任的报道行为。该事件将流量至上体现得淋漓尽致，不仅是对新闻真实性、客观性原则的背叛，而且破坏了媒体公信力，伤害了人民群众的感情。此外，新闻从业人员发布模糊信息煽动公众情绪，收受贿赂“有偿新闻”和“有偿不闻”等案例时有发生。种种不良行为无疑是对新闻规律的破坏。

主流媒体在进行新闻报道时，要始终坚持新闻的真实性、客观性原则，做好把关人的角色，对纷繁复杂的信息源进行充分调查、深入判断，利用新兴数字技术对信息进行筛选，去伪存真，给人民群众提供真

实可靠的信息。在新闻制作过程中，要实事求是，始终以客观的立场为人民群众解读信息；要贴近民生，及时收集各类反馈意见，既要敢于抨击错误言论，又要勇于自我修正、自我批评，努力增强自身的公信力。此外，主流媒体践行马克思主义新闻观，尊重新闻规律，还需要加强媒体从业人员的专业素养，深入开展新闻业务培训和从业者素养教育，培养高质量的新闻人才队伍。

第四节　主流媒体对于青少年价值观的引领作用

主流媒体的价值观，是指主流媒体在新闻事业发展过程中始终坚持的价值导向和信念理想，是主流媒体在新闻报道传播过程中的“指路明灯”。面对当前思想火花碰撞、文化水乳交融的复杂传播格局，主流媒体应始终坚持激浊扬清、创新融合、客观真实、亲民温暖、坚守立场的价值导向，引导舆论，培养人民群众的民族意识，维护社会稳定团结，引领中华民族实现伟大复兴的中国梦，而这尤其要重视对青少年价值观的引领。

一、激浊扬清，引领风清气正的网络环境

众生喧嚣的网络时代，泛娱乐化、消费主义、网络暴力、情绪煽动等负面因素正在数字技术和资本的裹挟下大行其道。不仅如此，藏匿于网络的兼职诈骗信息、不知名链接的信息盗取、享乐拜金主义、软色情“擦边球”视频等不良信息正在严重污染网络环境。在这一背景下，主流媒体应当成为网络文明的建设者，激浊扬清，引领风清气正的网络环境。

首先，作为数字时代“原住民”的青少年在鱼龙混杂的网络环境中首当其冲。“饭圈”应援问题尤为突出，青少年无脑追星、高额集资、非理性消费等行为时有发生。对此，中央网信办等部门于2021年6月在全国范围内开展为期两个月的“清朗·‘饭圈’乱象整治”专项行动，并于8月25日再次出台十项具体要求，进一步规范娱乐圈从业

标准。主流媒体针对政府的举措，在第一时间配合政府打好“组合拳”，央视新闻、《人民日报》、新华社等主流媒体相继发声，痛批失德艺人，推动青少年形成正确追星观。其次，主流媒体对愈发猖獗的色情、暴力等不良信息频频重拳出击，《人民日报》、新华社、中央人民广播电台等主流媒体认真开展自纠自查，提供社会监督渠道，积极表明态度，坚决抵制淫秽不良信息。面对不良信息的售卖行为，《法治日报》等多家媒体记者通过深入调查，揭秘了不良信息售卖传播链和产业链，积极正视管制中的漏洞，极大地推动了政府“扫黄打非”任务的展开。

污浊之下，则更要宣传正能量以扬清。主流媒体加大了对社会杰出贡献人物的报道，鼓励以正能量人物为社会标杆。他们可以是霸气侧漏的“外交部天团”，也可以是风格迥异的“央视 Boys”；可以是为无数女孩带来希望的乡村教师张桂梅，也可以是为国争光的体育新星全红婵等。主流媒体以不同的时代楷模弘扬社会正能量，推动人民群众对主流价值观的自觉践行，从而规范自身的网络参与行为。此外，一些主流媒体更是主动出击，提供媒介素养学习平台，帮助社会成员提高网络参与素养，促使其自觉遵循网络规范，明辨是非，举报不良信息，维护网络生态。

2016 年，习近平总书记在网络安全和信息化工作座谈会发表讲话，他指出：“网络空间是亿万民众共同的精神家园。网络空间天朗气清、生态良好，符合人民利益。网络空间乌烟瘴气、生态恶化，不符合人民利益。谁都不愿生活在一个充斥着虚假、诈骗、攻击、谩骂、恐怖、色情、暴力的空间。互联网不是法外之地。”〔1〕主流媒体直面网络环境中的黑暗地带，以雷霆手段揭露不法行为，以“激浊”之法为受众洗去互联网中的污秽；宣传社会正能量，培育受众的信息素养，以“扬清”之法使温暖向善、明辨是非的“清水”在网络环境中涌流，塑造

〔1〕习近平．习近平在网络安全和信息化工作座谈会上的讲话［N］．人民日报，2016-04-26（02）．

风清气正的网络环境。

二、创新融合，引领主流媒体话语主阵地

2019年1月25日，习近平总书记在中共中央政治局第十二次集体学习大会上指出，“推动媒体融合发展、建设全媒体成为我们面临的一项紧迫课题”，“要抓紧做好顶层设计，打造新型传播平台，建成新型主流媒体，扩大主流价值影响力版图”。[1] 随着信息传播渠道更新换代的速度加快，愈来愈多的新型问答社区、自媒体公众号、短视频博主等涌现在传播平台上。面对传播格局的深刻变化和媒体融合的时代要求，主流媒体要始终坚持自我创新，坚持技术融合的价值导向，及时更新内容的传播形式和传播技术，牢牢把握主流媒体的话语权，建设渠道多样且富有凝聚力的新型融合媒体，打造属于主流媒体的话语主阵地。

近几年，主流媒体在促进传播内容创新、推动技术融合等方面取得了显著的成效。在新媒体发展初期，《人民日报》便使用云计算技术，着力打造出一个实现资源互联互通、信息多级开发，以“一次采集、多种生成、多元发布”为核心的“中央厨房”，并在2017年“两会”期间，邀请了全国共15家主流媒体进驻“中央厨房”。各家媒体的资源互相连通，极大提高了信息资源的利用率。[2] 不同类型的新闻机构间的相互合作不仅节省了新闻采集的时间，还促使新闻工作者灵感的产生，产生了别具一格的新闻创意。2021年以来，河南广播电视台推出的“端午奇妙游”“中秋奇妙夜”频频出圈。该“中国节日”系列节目立足我国优秀传统文化，以“网综+网剧”的手段，打破了传统节日节目表演以舞台为中心的直播困境，使用AR等先进传播技术，推出了《唐宫夜宴》《洛神水赋》《秋月稷》等一系列广受好评的“现象级”节目，改变了观众对电视节目发展式微的刻板印象，完成了打通媒体平

---

〔1〕 习近平主持中共中央政治局第十二次集体学习并发表重要讲话[EB/OL].(2019-01-25)[2022-07-04].http://www.gov.cn/xinwen/2019-01/25/content_5361197.htm.

〔2〕 李艾珂．新时期主流媒体的价值坚守与融合创新［J］．现代传播（中国传媒大学学报），2017，39（4）：68-70.

台、吸引受众注意力的使命。中央电视台推出的《三星堆新发现》直播特别节目创新了拍摄手法，启用鱼竿摄像机、智能手臂机器人摄像机、“天鹰座”摄像机等新技术，在不破坏考古区的前提下，满足了一镜到底带领观众感受每个考古区的需求，直播后台的解说区亦采用虚拟成像技术还原了古蜀先民的生活场景，极大地提升了媒体的传播影响力。

促进媒体深度融合，创新传播形式，是主流媒体发展的大势所趋。然而媒体的融合过程必定不是一帆风顺的，仍然存在因循守旧、认知滞后等问题。此外，我们也应注意到过度依赖媒介技术导致的娱乐化、碎片化等负面倾向。主流媒体坚持创新融合的价值导向，既要不断地与时俱进，又要有职业操守。这有利于主流媒体提升主流媒体的公信力、传播力、影响力，增强对社会舆论的监督能力，收获公众的喜爱，维护良好的口碑，引领话语主阵地。

三、客观真实，引领社会的安定团结

新闻的真实性和客观性是新闻报道中必须遵循的两大基本原则，因此，尊重客观真实，也就成了主流媒体价值观中的重要因素。然而，“后真相”时代的到来，使得情感先于事实，真相被迫让位于感性。这就不利于社会的稳定和繁荣发展。基于此，主流媒体需要牢牢把握客观真实这一基本价值观，向公众传达真实的信息，稳定民心，维护社会的安定团结。

2018 年，重庆公交车坠江事件是“后真相时代”中反转新闻的典型案例。某些媒体在尚未进行明确调查取证的情况下，便公开传播公交车与红色小轿车擦撞的监控片段。碎片化的信息让愤怒的网友认为小轿车的女司机便是造成这一起惨剧的罪魁祸首。这种不负责任的报道行为，不仅引发了社会对性别议题的讨论，造成性别对立，而且加剧了对女性司机的刻板印象。近几年来，反转新闻时有发生。部分媒体在新闻制作前期缺乏深入调查，以只言片语拼凑真相，给不法分子制造谣言提供了可乘之机，增加了辟谣难度。面对这一情况，主流媒体应主动搭建

新媒体平台，做好谣言核查机制，同时，还应进行自我反思，端正新闻从业态度，平衡时效追求与新闻道义，以传递客观真实的信息作为首要理念。

铁肩担道义，妙手著文章。主流媒体在新闻制作、传播过程中坚持客观真实的新闻导向，深入挖掘信息来源，求证信息的真实与否，能够为社会公众传递有价值的信息。[1] 这一价值导向亦有利于安抚公众面对重大突发事件时的恐慌情绪，在社会形成正向舆论引导，推动某一议题的社会变革。同时，基于客观真实的新闻报道也从源头上扼杀了谣言的滋生渠道，不仅让辟谣工作变得便利，而且能稳定民心，维护社会的安定团结。

四、亲民温暖，培养人民对于社会主义事业的认同感

数字技术的发展，颠覆了传统主流媒体在传播中的主导地位，使得话语权逐渐被分散。一些自媒体平台借助微信公众号、微博、抖音等平台，故意歪曲解读社会公共事件，传播不实信息，发泄情绪，给社会的和谐稳定造成了巨大的破坏。面对这一严峻的社会问题，主流媒体应摒弃“高高在上”的传播姿态，始终恪守亲民温暖的价值导向，创新传播策略，拉近与人民群众的距离，为政策的传递和解读提供畅通无阻的渠道，引领人民形成对社会主义事业的认同感。

在促进新闻报道亲民化、提升新闻报道温暖性的道路上，不少媒体探索出了有效途径。《人民日报》新媒体于2022年年初携手中国移动、慕思等发起了“2022年新年晚安计划”，以短信的形式向公众推送温暖的语录，给公众捎去心灵的慰藉，将亲民温暖的价值观融入应用技术中，维护公众对主流媒体的认同，为后续的政策解读、信息传递提供有力保障。脱贫攻坚战取得全面胜利后，中国共产党领导的脱贫事业被策划成无数的系列专题进行报道，其中，《新闻联播》于2018年推出的

---

〔1〕王婧雯，张晓洁．主流媒体的价值引领与思维创新［J］．中国新闻传播研究，2019（1）：187-198.

《精准扶贫这五年　十八洞村看变迁》是脱贫攻坚系列节目中的典范，全面展现了十八洞村的脱贫故事，以温暖翔实的叙述，道出了中国共产党始终坚持为人民服务、为社会主义事业鞠躬尽瘁的理想信念。《深圳特区报》在民生新闻版面，注重从群众生活角度解读党的理论政策、思想方针，报道并解读深圳市委、市政府的民生政策，设置《民生面对面》栏目，邀请党政机关领导干部为市民解读民生政策，回应市民的民生关切。[1]

主流媒体所传递的亲民温暖的价值导向不仅能够增强人民群众对党和政府的情感认同，还能加强对社会热点、敏感问题的引导，更能促进党和人民群众紧密的联合，有利于推动社会主义建设事业向前发展，为中华民族的伟大复兴而不懈奋斗。

五、坚守立场，引领中国对外传播新格局

自新冠肺炎疫情暴发后，西方媒体对中国不断进行污名化的报道。西方媒体借题发挥，抹黑中国的国际形象，在国际上引导负面舆论、传播负面低俗价值观的情况不胜枚举。种种行为旨在打压中国在国际传播格局中的地位，破坏中国的国家形象，阻碍中国的和平发展。

面对西方媒体的“围追堵截”，主流媒体需要始终坚守立场，弘扬社会主义核心价值观，严厉打击与封禁西方的糟粕思想，灵活运用典型案例，展现中国态度，反映真实中国社会，讲好中国故事，引领中国对外传播的新格局。新华社推特账号立足新冠肺炎疫情防控中的医护人员，讲述中国的抗疫故事，并推出关于中国应对疫情采取的经济政策、民生政策等的系列报道，客观介绍了疫情给中国带来的负面影响，展现了中国政府始终为人民服务的宗旨和负责任的大国形象，打破了西方媒体的不实论调。针对西方的不良价值观，主流媒体更是重拳出击，积极构筑起绿色“防火墙”，让不良文化无所遁形。除此之外，主流媒体亦

〔1〕 宣柱锡. 多角度创新，提升主流媒体舆论引导的有效性［J］. 中国记者，2015（2）：18-20.

注重对中国改革开放建设成就的国际传播，例如，CGTN 打造的《十三亿分之一》系列节目，以中国社会平凡的小人物为切入点，通过温情的日常点滴反映出中国的社会变革与发展，弘扬了民族精神与社会主义核心价值观。而该系列短视频中的《功夫传奇》子系列，提供了展现中华文化的渠道，满足了国际观众了解中国社会的需求，在国际传播中取得了瞩目的成就。

2021 年 5 月 31 日，在中共中央政治局第三十次集体学习上，习近平总书记强调："讲好中国故事，传播好中国声音，展示真实、立体、全面的中国，是加强我国国际传播能力建设的重要任务。"[1] 面对外部挑战，讲好中国故事更是主流媒体在对外传播中应牢牢把握的工作重点。主流媒体要始终坚守立场，打击西方不良价值观，加大国际传播建设。这有利于塑造负责可信的大国形象，发扬我国优秀的民族文化，传递我国的社会主义核心价值观，打破国际沟通壁垒，构建我国对外传播新格局。

---

〔1〕 习近平主持中共中央政治局第三十次集体学习并讲话[EB/OL].(2021-06-01)[2022-07-04].http://www.gov.cn/xinwen/2021-06/01/content_5614684.htm.

第六章

青少年媒介素养教育与父母媒介干预

第一节 媒介素养的内涵

一、媒介素养内涵的变迁

从“便士报”发展到移动互联网，大众传播与人的联系愈发密切。因为生活在大众传播活动形成的信息环境之中，每个人或多或少都需要掌握一定程度的与媒介相关的知识和技能。随着互联网技术的进步和各类移动终端的普及，现代人的生活中无处不见网络。即便只是出门买菜，离开手机也会遭遇各种不便。在这样一种背景下，掌握有关信息和媒介的知识、技巧和方法就显得异常重要。而面对网络不良信息，媒介素养则可以帮助人们对媒介中的内容加以理性解读、分析和批判。研究发现，媒介素养水平高的青少年对这类信息能够做到不去接触，即使接触了也能够自觉抵制和批判。

媒介素养是一个综合性概念，涉及不同的研究视角和定义。相关领域始终保持着开放性和创新性，其内涵也不断丰富。1992 年，美国“阿斯彭媒介素养领袖会议”将“媒介素养”定义为“运用、分析、评判和创作各种媒介的能力”。后来，这一概念也得到了充分的应用。很多学者都认为“媒介素养”包含着以上四个方面的维度。欧盟委员会则是将媒介素养定义为接触媒体的能力，理解并批判性地评估媒体和媒体内容的不同方面，以及在各种环境中创造交流的能力。2007 年 12 月，欧盟信息社会和媒介总司发布了首个专门关于媒介素养的政策性文件——《数字环境下的欧洲媒介素养路径》（*A European Approach to Media Literacy in the Digital Environment*），其中提到不同层次的媒介素养包括：

① 对从报纸到虚拟社区的所有现存媒体感到舒适；

② 积极使用媒体，特别是通过互动电视、互联网搜索引擎或参与虚拟社区，更好地利用媒体的潜力进行娱乐、接触文化、跨文化对话、学习和日常生活应用（例如，通过图书馆、播客）；

③ 对于媒体内容的质量和准确性持有批判性的路径（例如，能够评估信息，处理各种媒体上的广告，明智地使用搜索引擎）；

④ 创造性地使用媒体；

⑤ 了解媒体经济及多元主义与媒体所有权之间的区别；

⑥ 意识到版权问题对“合法文化”至关重要，特别是对拥有内容消费者和生产者双重身份的年轻一代来说。

纵观国内学者对“媒介素养”的研究，熊科伟认为，媒介素养即是指公众通过学习和实践，认识媒介，选择、理解、评估和传播各种媒介信息，以及用之服务于个人和生活的能力，其中包括对媒介信息的解读能力、对媒介所传输信息的批判能力，以及对各种媒介种类、性质、特征及功能的认知能力。[1] 随着 Web 2.0 时代的到来，博客、即时通信等互联网应用如雨后春笋般发展起来。人们依托网络技术，可以实现自由、平等、开放的信息传播。宦成林借鉴媒介生态环境的变化，提出“参与”是 Web 2.0 媒体的本质体现和要求，参与意识、参与技能和参与态度是新媒体素养的核心内容。[2]

和媒介素养内涵相近的概念还有信息素养。信息素养是图书情报学的传统研究内容。从概念的起源看，信息素养来源于图书检索的技能。张艳秋在《理解媒介素养：起源、范式与路径》一书中，将媒介素养视为信息素养的一个子集，认为信息素养包含媒介素养。[3]

和当前媒介素养的正规教育通常发生在大学，且往往仅限于新闻传播类专业不同，信息素养教育在 20 世纪 90 年代之后成为图书馆（尤其是高校图书馆）的常规业务，而且已经进入了国内的义务教育和高中阶段课程体系。在概念上，与媒介素养一样，对信息素养的界定也一度陷入“能力模式”。学者肖新祥通过梳理概念，指出信息素养的内涵包括以下几个方面的内容，即明确信息需求、掌握信息工具、提取信息内容、判断信息价值、评估分析信息、创造传播信息、信息伦理道德。信

〔1〕 熊科伟．媒介素养手册［M］．北京：经济日报出版社，2015：3.

〔2〕 宦成林．21 世纪学习技能：新媒体素养初探［J］．中国远程教育，2009（10）：41-44.

〔3〕 张艳秋．理解媒介素养：起源、范式与路径［M］．北京：人民出版社，2012：78-79.

息素养的基本构成框架涵盖了信息意识、信息知识、信息能力与信息伦理。[1]

近些年来，无论是从学理还是从实践层面，越来越多的学者都倾向于将信息素养和媒介素养融合，在开展研究和制定政策时通盘考虑。比如，联合国教科文组织（UNESCO）近些年来开始提倡“媒介信息素养”（media and information literacy，MIL），这个概念将媒介素养和信息素养合二为一，创造性地形成了一个复合式的概念，为被现代信息围绕和身处媒介社会的人们提出了成为合格公民的素养要求。联合国教科文组织还创造性地提出了关于媒介信息素养的五个法则。

法则1：信息、传播、图书馆、媒体、科技、互联网及其他形式的信息提供者应用于批判性的公民参与和可持续发展。它们享有同样的地位，而且没有一方比其他更与媒介信息素养相关或应被视为如此。

法则2：每个人都是信息或知识的创造者，并携带自己的消息。他们必须被授予获取新的信息或知识和表达自己的权利。男性与女性应共同享有媒介信息素养。媒介信息素养亦是人权的纽带。

法则3：信息、知识与消息并不总是价值中立，或始终免受偏见影响。任何对媒介信息素养的概念化使用与应用都应保证上述事实对所有人都是透明可懂的。

法则4：每一个人都想知晓与理解新的信息、知识与消息，并与外界进行交流，即使她/他没有意识到、承认或表达过。然而她/他的权益绝不应受到侵害。

法则5：媒介信息素养并不能即刻习得，它是一个动态的具有生命力的经历与过程。只有当其包括知识、技能与态度，并涵盖对信息、媒介和技术内容的获取、评估、使用、生产和传播时，它才能称为完整。

媒介素养研究领域的著名专家詹姆斯·波特在梳理了不同学者、机构对媒介素养的定义后，抽取出四个带有共识性的主题。

---

〔1〕肖新祥．信息素养的理论缘起、内涵及构成要素略论：兼论信息素养教育国际经验［J］．电化教育研究，2021，42（8）：116-121，128.

① 大众媒体有可能对个人产生广泛的潜在负面影响。这个理念的一个推论是媒介也提供了一系列潜在的积极影响。

② 媒介素养的目的是帮助人们保护自己免受潜在的负面影响。提高媒介素养的目的是更好地控制生活中的影响，尤其是大众媒体的持续影响。

③ 媒介素养必须得到发展。没有人天生就具备媒介素养。发展媒介素养需要每个人的努力和专家的指导。发展也是一个永无止境的长期过程，也就是说，没有人具备完全、完整的媒介素养，技能和知识的获取总是处于不断发展的过程之中的。

④ 媒介素养是多维度的。媒介不断地以多种方式影响着人们的认知、态度、情感、生理、行为等。既直接作用于个人，也通过其他人、机构和文化间接影响。因此，提高一个人的媒介素养需要从几个不同的维度展开。[1]

综合以上学者的观点，我们可以通俗地说，媒介素养指的是成为现代合格受众所应该具备的能力。在网络时代，首先，受众应该掌握媒体使用的必要技能和能力，从而充分地接触和使用媒介。其次，受众应该在使用媒体和参与时，具备分析能力。再次，受众应该是个明白人，面对纷繁芜杂的信息，在运用自己所掌握的知识和技能的情况下，能够辨明真假、是非，对媒介内容持批判、怀疑的精神。最后，受众不仅是信息接收者，而且可以是高质量内容的生产者。这四个方面的能力缺一不可。对于受众而言，要能够达到一定水准的媒介素养，必须具备相应的前提条件。波特认为，媒介素养有三大重要基石：个人定位、知识结构和技能。这三项是构建一个人具有一套更为广阔的媒介视野的必备条件。个人定位是能量与目标，知识结构是原材料，技能就是工具。[2]

面对新媒体时代的挑战，国内学者卢峰根据使用者不同层次的需

---

〔1〕 POTTER W J. The state of media literacy[J].Journal of Broadcasting & Electronic Media,2010,54(4):675-696.

〔2〕 詹姆斯·波特．媒介素养［M］．4 版．李德刚，等译．北京：清华大学出版社，2012：13.

要，将媒介素养由低到高划分为媒介安全素养、媒介交互素养、媒介学习素养和媒介文化素养四个层面，他又将每个层面的学习目标划分为知识、技能、能力和态度四个方面。媒介安全素养是指在使用媒介时保护自己的身体健康和心理健康，以及保证个人财产、生命等安全的知识、技能、能力和态度；媒介交互素养是指媒介使用者与媒介进行交互，或利用媒介与他人进行交流的知识、技能、能力和态度；媒介学习素养是指使用媒介获取知识、学习技能、促进个人更好发展的知识、技能、能力和态度；媒介文化素养是指使用媒介时应该具有的文明、民主、文化自觉等知识、技能、能力和态度。媒介文化素养是“媒介素养之塔”最高层次的要求。[1]

媒介素养不仅用于指导人们的日常生活，而且帮助人们实现社会化。在遭遇各类突发公共事件时，公众的媒介素养的重要性更加凸显出来。例如，在新冠肺炎流行期间，一方面人们有着了解疫情动态、防疫知识的迫切需求，另一方面谣言却肆虐。在这种背景下，公众如何获得、解读、分析、传播关于防疫、抗疫的信息，对于应对健康风险，乃至维护整个社会的稳定都有很大的影响。公众的媒介素养、健康素养等现代生活所必需的能力，处在动态发展过程之中，所以，我们需要树立终身学习的态度。

二、媒介素养的测量

无论是信息素养、媒介素养，还是媒介信息素养，如果想要了解某个特定群体的相关素养水平，就要从概念内涵出发，将抽象概念转化为具体的变量，以及可观察、可测量的指标。而事实上，无论是国外研究，还是国内研究，都涌现出了一大批量表。如同尺子可以丈量土地一样，这些量表为测量某一群体的媒介素养水平提供了工具。我国学者对不少量表也进行了本土化的改良，以求获得更好的信度和效度。

---

〔1〕 卢峰．媒介素养之塔：新媒体技术影响下的媒介素养构成［J］．国际新闻界，2015，37（4）：129-141.

在本土研究方面，陈小普通过心理学实证研究的方法，编制了大学生网络媒介素养量表。该量表共有 18 个项目，包含网络认知（11 项）与网络行为（7 项）两个因子。陈小普于文中提出的网络媒介素养指的是网络时代的媒介素养，系媒介素养的子概念。[1] 此外，当我们讨论媒介素养时，在特定的主题范围内讨论或许更有意义，例如，新闻领域。有研究指出，新闻媒体素养是一个重要的教育目标，因为它有可能增加新闻消费、促进公民参与和民主参与。经过科学的量表编制过程，该项研究得到只包含一个维度的新闻媒介素养量表。[2]

近 10 年来，媒介素养和信息素养呈现合而为一的趋势。联合国教科文组织致力面向世界推动媒介信息素养教育，增强全人类应对媒体、信息的能力，它是世界范围内最为权威、重要的引领和领导媒介信息素养教育的机构。联合国教科文组织推出的“全球媒体和信息素养评估框架”（Global Media and Information Literacy Assessment Framework，简称“MIL 评估框架”）具有里程碑式的意义，从整体上架构了媒介信息素养的评估标准。这是一个属于过程导向的测评框架，通过能力矩阵来界定和测评公民的媒介信息素养。该框架包括获取、评估和创建 3 项一级维度、12 项二级维度和 113 项具体指标。尽管 MIL 评估框架影响深远，但其本身结构复杂、维度较多，不适合直接设计为测量量表。国内学者李金城基于 MIL 评估框架，设计了本土化的大学生媒介素养测量量表。该量表聚焦于媒介素养的获取、评估和创建 3 个一级维度，其中创建了包含参与、交流与合成 3 个二级维度。统计结果显示该量表具有良好的信度与效度。[3]

---

〔1〕 陈小普．大学生网络媒介素养：量表初步编制及特征分析［J］．中国健康心理学杂志，2017，25（4）：572-576.

〔2〕 ASHLEY S, MAKSL A, CRAFT S. Developing a news media literacy scale[J]. Journalism & Mass Communication Educator, 2013, 68(1): 7-21.

〔3〕 李金城．媒介素养测量量表的编制与科学检验［J］．电化教育研究，2017，38（5）：20-27.

第二节 媒介素养教育的性质与挑战

一、媒介素养教育的内涵和发展概况

对媒介素养问题的关注最早始于20世纪30年代。英国学者F. R.列维斯（Frank Raymond Leavis）和丹尼斯·汤普生（Denys Thompson）在他们合著的《文化与环境：批判意识的培养》一书中，创造性地提出将媒介素养教育引入学校课程教育的理念，此书因此被认为是英国媒介素养教育的起点。经过90余年的发展，媒介素养教育在发达国家积累了丰富的经验。进入网络时代以来，媒介素养教育的重要性在全世界范围内更是得到了普遍的重视。和媒介素养一样，关于“媒介素养教育”的定义也不统一。1999年，联合国教科文组织在维也纳“媒介与数字时代的教育”国际会议上发布的定义较为流行。“媒介素养教育”在这次会议上被定义为：涉及所有的传播媒介，包括使用任何技术传递的印刷文字、图表、声音，以及静止和活动的图像；使人们理解在社会中使用的传播媒体及其运作方式，并获得利用这些媒体与其他人沟通的技能。该定义下的“媒介素养教育”旨在确保人们学会如何分析、批判性地反思和创造媒介文本；如何识别媒介文本的来源，以及其政治、社会、经济及文化取向和背景；如何解读媒体提供的信息和价值观念；如何选择合适的媒体来面向目标受众，从而传播他们自己的信息或故事；如何获取或要求获取媒体用以接收和生产内容。

发达国家媒介素养教育的发展水平较高，在政策制定、路径选择、理论探索等方面有很多值得我国借鉴的地方。受西方研究成果的影响，国内学者结合本土媒介环境的变化，围绕媒介素养问题展开了持续的讨论。国内学者最早关注媒介素养和媒介素养教育问题的是卜卫，其于1997年发表了中国大陆（内地）第一篇系统论述媒介素养教育的论文——《论媒介教育的意义、内容和方法》，回溯了“媒介素养”这个概念在西方发展的历史。需要指出的是，卜卫在文中提到的“媒介教

育”即后来的“媒介素养教育”。广义上的“媒介素养教育”面向的对象是社会上的一般公众，并非新闻传播学学科里的高校学生和从业者，后者接受的是专业教育。此外，媒介素养教育迥异于时下流行的在线教育。对于在线教育而言，互联网只不过是传播渠道；而媒介素养教育则是传递媒介相关的知识、技巧和能力。经过近年来的发展，新技术、新生态和新业态对于媒介素养教育实践产生了冲击。人们普遍意识到，网络时代的媒介素养教育是一种终身教育，其教育对象、教育方式、教育渠道都是多元化的。媒介素养教育是社会发展和媒体技术迭代的产物。媒体技术和文化的进步需要教育领域给予回应，促使生活在特定时空的青少年能够更好地适应与媒体息息相关的生活。媒介素养的价值还体现在跨文化适应层面。跨文化适应是指旅居者进入外来文化后有意识地进行行为调整与选择。学者楚亚杰、唐榕蔚面向在华留学生群体展开分析，将社会化媒体时代的媒介素养划分为获取信息、评估信息、网络参与、网络交流 4 个维度，结果发现媒介素养在一定程度上对留学生的跨文化适应起到促进作用。〔1〕身处媒介时代，媒介素养水平虽然不能和教育水平相提并论，但其重要性已经日益凸显，不仅关系到个人的成长和发展，还关系到社会的可持续发展。随着网络与人们日常生活的联系愈发密切，提升受众整体的媒介素养水平已经刻不容缓。

在媒介素养教育方面，发达国家积累了丰富的研究成果与实践经验。一些国家已经将其纳入正规的国家教育体系之中，并在教育课程探索方面取得了很大的成绩。早在欧盟正式成立之前，为应对媒介对于社会的挑战，欧洲各国因地制宜，制定了很多适用于本国的媒介素养教育政策。英国、芬兰、瑞典、爱尔兰等国家的媒介素养教育水平在国际上享有盛誉。20 世纪 90 年代，欧盟成立后，陆续出台了一系列旨在打击互联网不良信息、保护青少年和维护个人信息安全的文件，以应对互联网时代的各种威胁。之后更是在超国家层面出台了一系列媒介素养教育

〔1〕楚亚杰，唐榕蔚．社会化媒体时代的媒介素养与跨文化适应［J］．新闻界，2020（11）：29-38.

政策，推动欧洲媒介素养教育的发展。除了欧洲国家之外，美国、加拿大、澳大利亚、日本等国的媒介素养教育的发展态势同样良好，成效显著。总结世界范围内的媒介信息素养教育和培养模式，不难看出，它们存在一定的共性。一方面，各国普遍强调参与主体上的多元性，并积极构建能够有效激励、协调多元主体的参与机制；另一方面，强调媒介素养教育是一种面向公民的终身教育，也即媒介素养教育不是仅发生在学校阶段，而是贯穿公民生命的始终；同时，还强调所有公民都应该参与媒介素养教育。网络媒体的迅速崛起，改变了以往的信息生产和传播模式。如今，各类媒体都强调社交化属性，注重用户的体验与参与。信息的生产者不再仅限于传统的专业媒体机构，而是变成网络空间的所有人和所有机构。因而面向网民开展媒介素养教育，也有助于网络生态的净化。

和发达国家相比，我国的媒介素养教育整体上尚处于起步阶段。媒介素养教育尚未正式纳入正规教育体系，师资培养不足，专业协会、社会组织和媒体等尚未广泛关注这一领域。在媒介素养课程方面，我们也缺乏本土化的探索，在教学内容、教学策略和方法方面更是积累薄弱。而普通社会公众整体上对媒介素养教育缺乏了解，不仅没有掌握参与渠道，也缺乏对其重要性、必要性的认识。

学术界普遍认为，媒介素养教育经历了四个阶段，分别是防御范式阶段、甄别范式阶段、批判范式阶段和参与范式阶段。前三种基于保护主义的主张，强调媒体对于学生产生不良影响，而教师可以向学生提供批判性武器以避免不良影响。随着大众传媒的发展演化，在网络媒介时代最受推崇的则是参与范式。这种范式主张，媒介素养教育应该侧重通过“赋权”激发学生参与媒体的行为，从而发展其分析、思辨、传播和自我表达的能力。以大学生为被试，国内学者王菁和姚媛采用试验方法，比较了参与范式和传统保护主义方式两种教学模式在大学生媒介素养教育中的表现效果。在实验组中以引导式学习与体验式学习为教育方法，以增强大学生的媒介素养整体意识为教学内容，鼓励学生参与课堂讨论，营造教师控制课程进度、激发学生话语权的课堂氛围。从实验结果看，参与范式能够有效提高大学生的媒介素养水平，是一种非常值得关注和推广的媒介素养教育方法。[1] 该研究结论为我国开展媒介素养教育提供了重要的借鉴思路。面向青少年，新时代的媒介素养教育应该在教育内容和教育方式上发生转变，以达成更好的教育效果。

2016年，笔者曾经面向苏州市的高中生和大一新生，以质化研究的方式，开展学校层面网络安全教育方面的研究。在分析学生群体接受信息安全教育的状况时，主要采用半结构访谈法搜集资料。访谈对象的年龄在16—20岁，共20人，其中，男性9人，女性11人。调查发现，除了媒体、家庭和亲友之外，该学生群体接触信息安全知识主要是通过学校系统。在路径上，令人稍感意外的是，学生们纷纷表示印象最为深刻的一个是学校组织的安全教育宣传活动，另一个是在苏州市学校安全教育平台上的学习。苏州市学校安全教育平台是一个网站，硬性规定学生们完成安全教育的学习，掌握相关知识。教师和学校可以通过后台监督学生的完成情况，从效果看，学生们基本认可这种教育方式。

此外，大部分受访学生表示从学校提供的安全知识讲座中学到了很多安全知识，包括信息安全知识。2007年，《中小学公共安全教育指导纲要》颁布，要求各级学校按模块完成教学任务。在完成途径上，该纲要提供了四种方式：一是学校要在学科教学和综合实践活动课程中渗透公共安全教育内容。二是对无法在其他学科中渗透的公共安全教育内容，学校可以利用地方课程的时间，采用多种形式，帮助学生系统掌握公共安全知识和技能。三是公共安全教育可以针对单一主题或多个主题来设计教学活动；通过游戏、实际体验、影片欣赏、角色扮演等活动，也可以运用广播、电视、计算机、网络等现代教育手段进行教学，探索寓教于乐、寓教于丰富多彩活动的教学组织形式，增强公共安全教育的效果。四是学校要与公安、消防、交通、治安及卫生、地震等部门建立密切联系，聘请有关人员担任校外辅导员，根据学生特点系统协调承担

---

〔1〕 王菁，姚媛．参与范式与大学生媒介素养教育：一个实验研究［J］．广西社会科学，2019（4）：165-172.

公共安全教育的内容，并协助学校制订应急疏散预案和组织疏散演习活动。从访谈结果看，大部分学生认为最有效果的途径是第四种，即学校和第三方组织的安全教育活动。一般来说，新学年开学时，不少学校都会聘请公安部门的人员开展安全教育讲座。

稍显意外的是，受访者认为中小学的信息技术课程及大学的计算机基础类课程并不涉及很多信息安全方面的内容，这些课程仍侧重于教授信息类基础知识，很少涉及日常生活中的信息安全问题，或者信息安全在内容上虽然有所涉及，但是篇幅较小。这种现象值得我们关注。

二、媒介素养教育的推进和实施主体

（一）政府

政府是媒介素养教育最重要的推动力量。政府可以通过制定法律法规、推行政策、制订发展规划、强化项目建设、加大资金投入等方式，在宏观层面上推进媒介素养教育。对于参与媒介素养教育的相关主体，政府只有在顶层设计时明确其职责和途径，并给予相应的政策和财政支持，才能够激发其动力和活力。上层体制机制的创新是媒介素养教育得以顺利推行的前提。

有学者撰文分析了美国宾夕法尼亚州的 CFF（the classrooms for the future）计划和巴西“未来学校研究实验室”项目两个典型案例，指出两者都体现了政府的重要作用。CFF 计划系宾夕法尼亚州政府面向中小学生推广的信息素养项目，由政府提供支持，在参与计划的学校核心科目的课堂上配备技术设备。政府提供的支持包括用以购买电脑、软件和配套措施的资金，以及为教师提供的相应技术支持。例如，给学校分配辅导员，以协助教师完成教学活动。在 CFF 计划中，媒介素养和信息素养的理论和实践呈现融合的趋势。它倡导对学生综合素养的培养。而在“未来学校研究实验室”项目中，巴西政府也发挥了整体统筹的作用，长期持续投入大量资源，并推动社会各界合作。[1] 从我国的情况看，政府需要增强对公民媒介素养重要性的认识，完善战略规划，通过政府拨款、立法保护和制定政策等措施提供支持，从社会教育和学校两个层面推进媒介素养教育。

（二）文化机构

1. 青少年宫、儿童活动中心

有学者指出，遍布全国的青少年宫、儿童活动中心等校外教育机构可以在媒介素养教育实践中发挥重要作用。经调查发现，部分校外教育机构已经开展了一批实践活动，形成了一批研究成果。校外教育机构覆盖面广，自成体系，且与政府、媒体、学校、社区、家庭存在横向联系，是一个能够整合教育资源、全方位、立体化的教育平台。这类机构可以通过与时俱进、形式灵活的活动，重视儿童和青少年的参与和体验，达到提高他们媒介素养水平的效果。

2. 图书馆

国内学界也广泛地介绍了国外图书馆参与公民媒介素养教育的实践经验，涉及美国、英国、澳大利亚等发达国家，以期为国内图书馆提供参考。从国际经验看，无论是公共图书馆，还是高校图书馆，都是参与媒介素养教育的重要载体，可以发挥重要作用。波士顿公共图书馆系美国第一个面向公众开放的图书馆，也是当今美国第二大图书馆。它积极参与了面向公众的媒介素养教育并取得了良好成绩。有国内研究者总结了其工作实践，发现其向未成年人提供的媒介素养项目包括以下几个方面，见表 6-1 所示。

---

〔1〕朱婕，陈雅．青少年信息素养教育研究：以美国 CFF 计划和巴西“未来学校”项目为例［J］．图书情报工作，2016，60（13）：40-46.

表 6-1　波士顿公共图书馆面向未成年人提供的媒介素养教育项目〔1〕

年龄段	项目名称	项目内容
0—5 岁	未来阅读者俱乐部（Future Readers Club）	为学龄前儿童提供故事阅读服务，让他们从出生就开始培养阅读素养
	早期素养游戏坊（Early Literacy Playgroup）	通过与学龄前儿童一起玩耍、唱歌、交流，培养他们的早期媒介素养能力
	故事艺术合作坊（Story and Art Collaboration）	与艺术中心的教师一起开展为期 7 周的关于故事和艺术的合作
6—12 岁	儿童考试准备服务（Kids Test Preparation）	联合马萨诸塞州教育部为儿童提供考试信息服务，帮助其通过各种考试
	手工建筑工作坊（Build It!）	使用图书馆提供的资源手工建造一些建筑模型，提升动手能力
	女孩编程教学培训（Girls Who Code）	为 3—5 年级的女孩提供为期 8 周的编程教学，帮助她们掌握计算机科学技术
	DNA 提取科研活动（DNA Extraction for Kids）	来自哈佛大学化学学院的科研人员教授儿童从植物中提取 DNA
	地震勘探实验（Earthquake Exploration with Northeastern's Society of Women Engineers）	教授小学生通过具体的科学小实验理解地震对不同建筑的影响
	了解干冰知识：冰雪女巫归来游戏（Dragons: Return of the Ice Sorceress）	通过拯救国王的游戏教授儿童关于干冰的科学小知识
9—12 岁	作业辅导项目（Homework Assistance Program）	辅导学生完成家庭作业
	青少年写作指导项目（Shut Up & Write!）	为青少年提供一个写作环境让青少年可以在专业作家的指导下进入沉浸式写作模式

〔1〕石庆功，夏正伟，冯薇．波士顿公共图书馆未成年人信息素养教育实践及其启示［J］．图书馆学研究，2021（13）：93-101.

续表

年龄段	项目名称	项目内容
13—18岁	创客空间：为青少年提供和能工巧匠一起线上工作的机会（Meet Your Makerspace：A Virtual Tour of Boston's Artisan's Asylum-Just for Teens!）	著名创客空间的教育总监亲自传授青少年运用技术开创事业、满足自身创造性冲动，并且和有创造力的人取得联系的技能。参与者有机会参观实体店，听取制造商的意见，找出适合青少年参与的活动
	青少年健康信息资源（Body Health Resources for Teens）	为青少年提供多种健康信息资源，包括饮食、锻炼、性别健康等多种资源
	大学申请文书材料撰写培训（College Essay Basic Training：What High School Seniors Need to Know）	开设网络研讨会教授高中生如何撰写大学申请文书材料，帮助青少年顺利升学

在大学图书馆方面，也有学者介绍了澳大利亚迪肯大学图书馆面向学生开展的数字素养教育实践。迪肯大学图书馆承担了培养学生数字素养技能的任务，制定了《迪肯大学数字素养框架》，并开展了数字素养教育。其教育方式契合了学生的特点，而教育内容又结合了不同年级大学生的需求，相关经验非常值得我国同行学习。[1]

（三）互联网平台

终身学习理念对个人的学习能力和学习习惯提出了更高的要求。面对持续不断的科技创新和产业变革，人们的知识内容和知识结构只有持续地更新，才能适应社会发展和个体发展的需要。媒介素养同样也需要“活到老，学到老”。近些年来，媒介生态和业态及信息环境均发生了巨大变化。传播失范现象层出不穷，花样翻新。而从媒介素养教育的供给角度看，和其他实施主体相比，互联网平台具备独特的优势。一方面，互联网平台形式灵活，一旦建成，可以给潜在的海量用户提供服务，极大地提高了效率；另一方面，免去了线下教学场地等的烦恼，有效降低了成本。以美国为例，除图书馆之外，美国还存在大量的个人、

〔1〕 王婉，曾艳．澳大利亚迪肯大学图书馆数字素养教育实践及启示［J］．图书馆工作与研究，2021（7）：34-40.

机构开发建设的数字资源平台。其上的很多资源免费向公众提供，且广泛采用可视化、交互性的教学方式，在完成课程任务的基础上还可以提供学分和证书。和国外的实践相比，我国在媒介素养教育、信息素养教育方面的数字资源建设较为薄弱，迫切需要加强。新冠肺炎疫情暴发以来，在线教育获得了长足的发展，人们也逐渐养成了在网络上学习的习惯。现在正是大力建设数字资源平台、推进在线媒介信息素养教育发展的大好时机。

（四）学校和家庭

大多数青少年仍然处在受教育阶段，因而学校是开展媒介素养教育的重要平台，学校尤其可以通过信息技术课程达成这一目标。目前，媒介素养教育课程大致可以分为两类：一类是独立课程，也即专门的媒介素养相关课程；一类是融入式课程，也即在其他门类课程中贯彻媒介素养教育内容。大、中、小学都可以开展相关课程教学。除此之外，家庭也是青少年受教育的重要场所。家长是孩子的第一任老师。家长可以通过媒体监督等方式，干预子女的媒体使用，提高其媒介素养水平。笔者发现，社会中现在还存在“数字反哺”的现象，即在老年人遭遇信息科学技术接入和使用方面的“数字鸿沟”的背景之下，年轻世代就新媒体的理解、采纳、使用及相关知识传播与年长世代展开代际互动，形成了一种新型的文化“反哺”。

三、媒介素养教育的对象

国际上公认的媒介素养教育理念是面向所有公民的。20 世纪 90 年代中期，互联网落地中国，在过去的近 30 年里，一方面，我们见证了互联网逐渐全方位渗透进社会生活，不断催生新的生活方式和文化现象，同时其生态和业态也发生了翻天覆地的变化。近年来，与互联网相关的技术更迭与模式创新呈现加速状态。我们难以预料下一个引爆市场的产品是什么，具备什么样的形态与特征。另一方面，现有的互联网产品也在不断增强功能和调整形态。在社会飞速发展与演进的时代背景下，知识爆炸，人们“被迫”进入终身学习时代。即便是最资深的网民，也难以全面了解、把握互联网上的各种现象，网络生态的多样性让时间与精力有限的普通人眼花缭乱。“数字鸿沟”理论认为，接入沟和使用沟，分别指向信息技术使用机会和使用技能的差距。随着智能终端和互联网普及率的快速增长，我国关于网络的讨论热点早已不是接入沟，而是使用沟。通俗地说，同是网民，不同的人接触不同的网络世界，同一内容对不同的人产生不同的认知、情感、信念、态度和行为层面的影响。媒介素养教育应该贯穿人的一生，而国家应该加强这一方面的建设工作。

下面，笔者就常见的儿童、青少年、家长、老年人，以及公职人员群体做简要的分析。

（一）儿童、青少年和家长

毫无疑问，儿童、青少年是媒介素养教育的重点人群。在各种媒介素养教育承担主体中，学校被视为“网络素养教育中最为基础、重要的一环”〔1〕。关于媒介素养教育的各类文献中几乎都提到，最主要的教育对象就是儿童和青少年群体。处于成长发育关键期的儿童和青少年，普遍与各类媒体联系密切，因而频频出现沉迷于游戏无法自拔、不良信息侵害身心健康等问题，迫切需要引导。从当下的情况看，重点应该在于培养其对媒介内容的分析能力、批判思维及媒介道德修养。与此同时，对于儿童和青少年而言，家长在家庭中的行为举止，包括互联网使用行为，都会对孩子产生潜在的重要影响。父母是子女的第一任老师。根据社会学习理论，子女会模仿父母的互联网使用行为。若父母沉溺于网络不可自拔，子女也就会进行效仿。笔者查询资料发现，有一项本土化研究为家庭对青少年媒介素养水平的影响问题提供了实证依据。该研究发现，家长的教育程度与青少年的媒介素养呈正相关；父母的媒介素养水平与青少年的媒介素养水平呈较高的正相关；开放多元型家庭中的

〔1〕方增泉，祁雪晶，王佳鑫，等．基于学校主体的中外青少年网络素养教育实践探索［J］．青年探索，2019（4）：31-39.

孩子媒介素养水平最高。[1]

（二）老年人

在经典的“数字鸿沟”理论中，老年人往往在数字技术接入和使用层面处于不利地位。“数字鸿沟”理论指出，网络上存在两种鸿沟，一种是接入沟，一种是使用沟。从全世界范围看，在接入沟层面，和年轻群体相比，老年群体的互联网普及率低，老年网民在网民总体中占比较低。在使用沟层面，老年人的网络技能也较为不足，不能充分享受互联网带来的红利。目前，我国老龄人口数量增长快速。很多老年人在网络时代因为不会上网、不会使用智能手机，在购物、出行、就医、消费等日常生活中遭遇不便，对日常生活造成不小的影响。2020 年 11 月，国务院印发《关于切实解决老年人运用智能技术困难的实施方案》，把加强应用培训和开展老年人智能技术教育作为工作重点。这些工作本质上也是为了提高老年人的媒介素养水平。

（三）公职人员

在互联网时代，传播格局和权力关系发生了巨大变化。相比普通人而言，公职人员肩负了更多的责任和使命，因此，公职人员需要掌握管理媒体、应对媒体、运用媒体，以及运营媒体的能力和技巧，尤其是网络媒体。公职人员的媒介素养水平在一定程度上关系到政府的执政能力和效率，关系到政府的形象和公信力，关系到社会的和谐和稳定。这一方面要求公职人员能够熟练掌握媒体的形态和业态，了解不同渠道声音，倾听民意；另一方面，需要公职人员掌握相应的传播策略和传播技巧，能够对纷繁芜杂的网络信息明辨真假，有效利用各种媒体渠道发声以展示自身的良好形象，并摆正姿态，与民众在网络空间展开有效对话，在突发事件发生时能够迅速化解危机。和传统媒体时代相比，在互联网时代，公职人员的媒介素养面临着新的要求和挑战。一方面，公职人员在日常生活中需要避免在网络平台上表达失范；另一方面，随着新

---

〔1〕 方增泉，祁雪晶，王佳鑫，等．基于学校主体的中外青少年网络素养教育实践探索［J］．青年探索，2019（4）：31-39.

媒体时代的到来，对于公职人员而言，又迫切需要提升媒介素养中的创造能力。近些年来，政府机构纷纷开辟新媒体阵地，涌现了大量的政务微博、微信公众号、短视频账号、App 等。这些新媒体平台面向公众直接、及时、准确地发布信息，提供政务服务相关功能。此外，还可以有效促进政府和民众之间的沟通，发挥舆论引导和舆论监督的作用。新媒体的经营和管理已经变成了政府工作的一部分。

第三节　媒介素养视域下的家长网络监管

一、家长网络监管与媒介素养

进入互联网时代，网络对青少年健康成长的意义逐渐凸显。《中华人民共和国未成年人保护法》（以下简称《未成年人保护法》）最早于 1991 年 9 月经第七届人大常委会审议通过，先后经历了 2006 年第一次修订、2012 年修正，以及 2020 年的第二次修订。最新版的《未成年人保护法》共有九章一百三十二条，其中，第五章为网络保护，共有十七条。从数量和比例上足以看出当今时代，网络对于未成年人身心健康和合法权益的重要性。《未成年人保护法》第七十一条规定：未成年人的父母或者其他监护人应当提高网络素养，规范自身使用网络的行为，加强对未成年人使用网络行为的引导和监督。未成年人好奇心强，精力旺盛，然而自控能力弱。面对充满诱惑、内容丰富多彩的网络世界，他们的抵御能力往往有限，需要学校和家庭的监管。然而，互联网世界的开放、便捷、私密性不仅给监管部门带来了挑战，对家长实施的监管行为亦是如此。需要指出的是，很多家长不会上网或者对于互联网不够熟悉，即便是熟练掌握上网技能的家长，也难以完全掌握子女接触的网络世界。在固定互联网时代，主要的上网设备是电脑，包括台式电脑和笔记本电脑。由于这些上网设备体积较大，不易隐藏，家长监管子女上网就比较方便，比如，只要将电脑置于自己可见的场所即可。另外，当时很多家庭没有配备电脑、接通网络，需要借助网吧等场所才能实现上网。2002 年 11 月施行的《互联网上网服务营业场所管理条例》第二十一条明确规定："互联网上网服务营业场所经营单位不得接纳未成年人进入营业场所。"[1] 种种原因导致未成年人使用网络在固定互联网时代受到很大的限制。在移动互联网时代，手机迅速成为最为主要的上网设备。手机相比于电脑，体积小但功能强大，与日常生活联系得更加密切。尤其是近年来伴随着智能手机的普及，手机应用种类越发繁多且功能强大，人们上网设备也相应发生转变。例如，在网络游戏方面，和手机游戏相比，电脑游戏在热度上就略逊一筹。在移动互联网时代，一方面，出于日常生活的需要，家长要和子女保持联络，同时，学校的部分教学活动会通过手机布置和完成，使得家长不得不给子女配备手机；另一方面，手机体积小、容易隐藏、私密性强，导致家长在监管子女使用网络时变得更加困难。

纵观社会现状，我国还存在数量众多的留守儿童和青少年。他们通常与长辈生活在一起，和父母聚少离多。手机是他们排遣寂寞、打发时光的重要工具。对他们上网行为的监管更加需要我们加以重视。家长是孩子的监护人，对孩子的一切合法权益享有监护职责，为孩子健康成长提供保障。但遗憾的是，面对互联网对孩子的负面侵袭，时下家长们纷纷反映：力不从心，不知道怎么管，管不好也管不了。孩子的互联网使用问题已经成为家长的普遍痛点。从一定意义上说，最痛恨不良信息、最支持对互联网进行治理的就是家长群体。为了纠正孩子的不良上网习惯，一些网瘾治疗机构应运而生。尽管对治理效果和治理方式存疑，但很多家长"病急乱投医"，还是把孩子送到这类机构。网络，特别是网络游戏在一定程度上成为孩子的"精神鸦片"，让很多家庭陷入痛苦境地。

在学术领域，家长媒介干预（也译为"媒介监管"）是指家长为了发挥互联网的积极作用，避免互联网对儿童及青少年产生消极影响而

---

〔1〕 中华人民共和国国务院令第 363 号[EB/OL].(2002-09-29)[2022-07-04].http://www.gov.cn/gongbao/content/2002/content_61788.htm.

主动采取的措施，是家长对儿童、青少年所接触的媒体及内容进行控制、监督和解释的所有策略。围绕着家长媒介干预问题，学术界产生了大量文献，研究者的背景包括教育学、心理学、传播学等。学者们普遍认为，家长媒介干预存在三大基本方式：一是限制型干预，即家长制定规则，对媒体终端、媒介内容和使用时间加以控制；二是积极型干预，即家长对孩子接触的媒介内容进行解释和解读，提供批判性意见；三是共同使用，即家长与孩子一起使用媒体。在网络环境下，媒介干预演变成了网络监管。家长网络监管通常是指家长对孩子上网的时间、地点和内容进行监控和管理。笔者发现，以上三种方式，共同使用在网络环境下不太可能，且限制型干预和积极型干预也遭遇了很大的困难。

一些文献探讨了家长眼中的孩子上网问题。在美国，拜恩（Byrne）等的研究探索了家长对10—16岁子女遭遇各类网络风险的错误认识及其影响因素，其结果发现：对于网络欺凌、与陌生人令人担忧的互动、接触性内容这三类在线风险行为，与从子女处获得的实际数据相比，家长普遍低估遭遇这些不良信息的可能性。[1] 这项研究的可贵之处在于其独特的样本，尽管采用的是是非概率抽样，但研究者们采取家长与子女相匹配的方法收集问卷。这样能够同时获得来自双方的数据。应该说，尽管这项研究开展在美国，但是我们也能够联想到，我国家庭普遍也面临着相似的局面。我国家长和子女之间接触着不同的网络世界。年龄的差距导致家长不能充分掌握、理解子女的网络行为。部分子女出于避免监管和隐私的考虑，在朋友圈中对家长进行屏蔽，甚至在微信使用已经非常普遍的当下，更愿意通过QQ来交流。尽管家长并没有实际掌握子女遭遇各类网络风险的情况，但他们会普遍高估负面媒介内容对子女的影响。根据“第三人效果”理论，高估风险是一种认知偏差，而认知偏差会导致家长去保护他们所认为的弱势第三人，即子女，从而更倾向于支持整治不良信息。

---

〔1〕 BYRNE S, KATZ S J, LEE T, et al. Peers, predators and porn: predicting parental underestimation of children's risky online experiences[J]. Journal of Computer-Mediated Communication, 2014, 19(2): 215-231.

毫无疑问，作为监护人的家长可以在网络监管方面发挥作用。很多家长不仅对子女的互联网使用行为表示忧虑，而且采取了很多种形式的干预措施。在社会科学研究中，学者们对于父母能降低子女负面媒介效果的议题充满兴趣，并提出了父母监管理论。父母监管理论认为，父母通过不同的人际交往策略来调解和减少媒体对子女生活的负面影响。它假设发生在父母和子女之间的关于媒体的人际互动在子女融入社会的过程中发挥了作用。从某种意义上说，虽然该理论源于对媒体负面影响的研究兴趣，但它也试图探索年轻人所处环境中其他因素的积极方式——即孩子的父母和他们有意为之的监管努力——可能会减轻假定的电视对年轻人认知发展产生的负面影响。[1]

国内的一些实证研究也积极探索了父母网络监管与子女互联网使用行为之间的关系。甘雄和李蒙蒙的研究发现，父母网络监管与青少年网络游戏成瘾、越轨同伴交往均呈负相关。他们所做出的解释是依据社会控制理论，社会化主体的控制可以减少青少年的偏差行为和网络使用。而除了直接影响之外，该研究还发现了两个中介效应：一个是父母网络监管负向影响越轨同伴交往，而越轨同伴交往正向影响网络游戏成瘾；另一个是父母网络监管正向影响师生关系，而师生关系负向影响网络游戏成瘾。[2] 此外，还有部分研究同时纳入家庭和同伴两个系统，分析家长网络监管与青少年网络成瘾的关系。金盛华和吴嵩的研究探索了家长网络关联度与青少年网络成瘾的关系。此研究中的家长网络关联度是指家长自身与互联网之间联系的紧密程度，包括网络对家长的重要性和家长对网络的依赖性两个部分。他们认为，借鉴社会学习理论，家长长时间使用网络，可能会导致子女学习和模仿，导致子女上网时间更长从而网络成瘾，但也有另外一种可能性存在，即家长对网络的认识水平高，他们反而可以为青少年提供更多的网络使用指导，从而降低网络成

〔1〕 CLARK L S. Parental mediation theory for the digital age[J].Communication theory,2011(21): 323-343.

〔2〕 甘雄，李蒙蒙．青少年网络游戏成瘾越轨同伴交往师生关系与父母网络监管的关系[J]．中国学校卫生，2019，40（6）：927-929.

瘾的可能性。研究结果支持了后一种机制，当监管水平较弱时，家长网络关联度会负向影响青少年网络成瘾；而当监管水平较高时，家长网络关联度不能显著预测青少年网络成瘾。研究带来的启示是，由于家长网络关联度较高，其对网络的了解有助于更好地引导青少年正确认识和使用网络，真正促使青少年合理使用网络。而假如家长采取严格措施，限制青少年子女的网络使用，反而会适得其反，弱化教育指导的作用。[1] 现实生活中也经常发生这种现象，家长一味采取强制性手段，忽视孩子的感受。不重视孩子自尊的管教方式会激起孩子的逆反心理，使得网络监管适得其反。而苏斌原、张卫、苏勤等经过研究发现，父母监管不但没有降低青少年不良行为的可能性，反而会提高相应的风险。他们的研究纳入了子女同伴的因素，研究结果显示：父母网络监管显著正向预测了子女网络游戏成瘾。在没有不良同伴交往这一中介变量时，父母网络监管与网络游戏成瘾间的相关系数极低且不显著。也就是说，在统计上，不良同伴交往在父母网络监管与网络游戏成瘾的关系中存在“遮掩效应”。这种效应指的是直接效应和间接效应正负符号相反的情形。在同时将同伴交往作为中介变量，以及将亲子关系作为调节变量时，研究结果显示：父母网络监管正向预测青少年网络游戏成瘾，也就是说，父母越严厉的网络监管反而会增加青少年网络游戏成瘾的风险。[2]

青少年虽然思维活跃，网络社交依赖性强，但他们普遍身心不成熟，社会经验不足。家长对于子女的上网监管往往会陷入窘境，一方面当发现孩子沉迷网络时，常会采取训斥、限制等方式加以干预，当干预效果不明显时又往往和孩子陷入对抗的局面，引起孩子的逆反心理，导致家庭关系紧张。这就是说，在青少年阶段，家长网络监管既要科学，也要有艺术。如何找到适合自己家庭的监管方式，需要家长结合实际情

〔1〕 金盛华，吴嵩．家长的网络关联度与青少年网络成瘾程度的关系：家长网络监管的调节作用［J］．心理与行为研究，2015（4）：490-494.

〔2〕 苏斌原，张卫，苏勤，等．父母网络监管对青少年网络游戏成瘾为何事与愿违?：一个有调节的中介效应模型［J］．心理发展与教育，2016，32（5）：604-613.

况做出选择。而社会也应该提供相应的指导服务。拉扎斯菲尔德就提出了“两级传播”和“意见领袖”的概念。在网络环境中，信息的流动往往不再局限于两级，而可能是多级。“意见领袖”更是随处可见。青少年子女的同伴不仅是他们模仿的对象，有时候也可以被视为“意见领袖”，对于不良信息的传播具有非常重要的作用。现有研究也发现，同伴对于青少年过度使用网络有非常重要的影响。近朱者赤，近墨者黑。青少年若结交在网络使用方面有不良习惯的朋友，也更有可能过度使用网络。

国外研究普遍指出，家长媒介素养水平与媒介干预行为之间存在密切的联系。家长和子女都应该提升相关水平。2021 年 3 月至 6 月，笔者参加了面向苏州市家长的“家长成长系列沙龙”首批培训服务，从中发现了家长网络监管中存在的一些现实问题。该服务以北京大学苏州市校友会“家庭教育服务公益”跨专业团队为主要智力支持，与慈济慈善志业中心团队联手推出。沙龙以讲座和互动的形式，面向 10—16 岁孩子的家长，限额 30 个，以“深度互动+课程体验+家庭实践”为基调，探究对青春期孩子的教养理念和方式。在培养方式上，沙龙强调跨专业双讲，邀请各领域专家，以案例教学、专家咨询、现场体验式模拟、教学互动、家庭作业（替代式家庭活动）、其他家长经验分享、志工经验分享、家庭个案辅导等形式培训家长，使其获得更深刻的体悟，从而有利于改善亲子关系，提升家庭教育质量。

在课程设置上，如何引导孩子正确使用网络成为该沙龙的重要板块。在授课之后，笔者还向家长发放问卷，了解家长在子女上网中的作用和遇到的困境，并邀请部分家长进行非结构化访谈。从 27 名家长的问卷调查结果看，绝大多数家庭中的孩子都配备智能手机，其中，有 20 名家长表示子女过度使用手机，尽管他们并不了解适度使用手机的标准是什么；有 15 名家长表示与子女就使用网络问题发生过冲突；有 13 名家长表示在监管子女上网方面存在困难。在共性问题上，家长们纷纷表示难以把握子女使用网络的具体行为，并且难以理解子女的网络行为和网络亚文化，比如：仅有 3 位家长听说过哔哩哔哩；有 4 位家长听说过Cosplay文化，其中一位家长对于孩子的Cosplay行为表现出了极大的担忧和反感。当然，以上数据样本规模小，且代表性欠佳，但也在一定程度上说明了青少年家长网络监管的窘境。而就家长网络监管的三种方式而言，访谈结果显示，家长们的网络监管工作进展得并不顺利，他们更倾向于使用限制型干预方式，其中只有部分家长取得了成效。比如，一位爸爸就曾向笔者表示，尽管孩子是女孩，但由于她被宠溺，且青春期较为叛逆，其社交动态并不向家长显示。于是自己就采取了一些措施，将家里的路由器进行升级，对孩子的手机地址进行管理，限制孩子的手机上网时间。一开始，孩子对手机还是很依赖的，后来因为上网不流畅，孩子有了不好的体验感，就逐渐戒掉了手机上网。这位爸爸还透露，自己与孩子的关系很不好，如果他用很强硬的方式处理，孩子肯定会反抗，因此，他只能通过这种方式限制孩子，显然，这也帮助了孩子。后来亲子关系有所缓和，问题也逐渐得到了解决。孩子逐步认识到无限制的上网对自己的伤害很大。

二、青少年模式与媒介素养

青少年的父母或者其他监护人可以通过在智能终端产品上安装青少年网络保护软件、选择适合青少年的服务模式和管理功能等方式，避免青少年接触可能危害或者影响其身心健康的网络信息，合理安排青少年使用网络的时间，有效预防青少年沉迷于网络。

除了通过人工智能技术进行信息的识别和过滤之外，一些互联网平台还通过启用青少年模式来对青少年进行保护。比如，抖音2019年3月宣布正式推出青少年模式，该模式可以由家长设置，通过密码进行控制。启动该模式后，用户在推荐首页只能浏览由抖音青少年内容团队精选出的短视频，包括教育、知识、绘画、摄影等有趣、有用、寓教于乐的内容，也即专属于青少年的“内容池”。正常版本中的很多功能在此模式下被禁用，一些内容也被禁止访问，且对于其他内容的访问时长、访问时段也受到限制。除了抖音之外，还有大量的互联网平台、App也陆续采用了这一模式。

当然，关于青少年模式的争议始终存在。综合来看，相关争议主要集中于三点：一是家长是否买账，即家长是否知晓、认可和使用这一模式；二是青少年模式是否科学，即这种带有分级意味的模式是否有着科学的分级标准；三是青少年模式是否能够真正管住青少年。一些平台的青少年模式实名制贯彻得不彻底，导致青少年可以通过盗取密码、卸载重装 App、偷用其他成年人身份进行注册认证、以游客身份观看等方式绕开青少年模式的限制。

青少年模式的贯彻执行涉及四个主体，分别是网络监管部门、互联网平台、家长和青少年。监管部门必须要加强对于互联网平台的管理和引导。客观来说，互联网平台的商业价值依赖流量，而青少年模式与平台利益是有冲突的。平台是否能把青少年模式办好，不仅取决于其自身的自觉、自愿，还取决于监管部门的监管力度。平台应该在技术监管和内容把控上做好相关工作。有学者撰文指出，很多 App 的青少年模式中的内容建设并不理想，也没有考虑到不同年龄段的不同需求。在缺乏有效盈利模式的情况下，互联网平台对于建设“内容池”动力不足，不能及时更新内容。而平台内容数量和质量的不足，也会进一步导致青少年对平台的青少年模式不认可。[1] 从家长的角度看，他们是否知晓并愿意启用这一模式？启用这一模式是否会加剧其与子女之间的冲突？青少年模式是否真正能够约束住子女的上网行为？以上问题不仅关系到他们自身的媒介素养水平，也关系到亲子关系。对于子女来说，他们是否会接受青少年模式下的媒体？是否会服从、配合家长的监管？是否会想办法绕过监管？这些问题也值得我们探讨。关于青少年模式的使用效果，仍然需要各相关领域研究的关注和跟进，需要研究者从家庭角度入手分别考察父母和子女的态度与行为。显然，仅凭单纯的技术无法实现有效控制。实现青少年安全上网既需要发挥技术工具，也需要家长的力量和子女的配合。总体而言，青少年模式作为保护青少年的一种新型举

---

〔1〕 雷雳，王兴超．网络平台青少年模式缘何形同虚设［J］．人民论坛，2020（28）：123-125.

措，其价值完全值得肯定，但仍有许多需要完善之处。

本书中，笔者所提的家长，多指的是父母或者其他监护人。我国的家庭结构方式多样。对青少年使用互联网行为进行监管的家长可能是父母，也可能是其他长辈（爷爷奶奶、外公外婆）。和西方国家中的家庭不同，我国家庭中的长辈选择与晚辈共同居住的情况更为普遍，他们同样起到监护作用。

从我国当下的家庭结构看，城市家庭普遍规模偏小，往往是父母和一到两个子女共同居住，其中一些家庭中也有长辈同住。在这种家庭中，除了父母以外，长辈往往同样担负监护责任，应干预、限制、指导青少年的上网行为。当然，城市中还存在大量的随迁子女，农村中则存在大量的留守子女。社会支持的不足、家庭结构的不完整、家长的溺爱与放纵，均对孩子的成长不利。而家长知识结构的不足也使得他们无法给予孩子足够的知识教育。这里需要指出的是，本书中指的随迁子女是指随父母离开家乡外出生活学习，在流入地居住较长时间，没有当地户口的未成年子女；留守子女则是指父母双方或单方外出打工，回家间隔时间较长，不能随之外出共同生活的未成年子女。国务院 2016 年印发的《关于加强农村留守儿童关爱保护工作的意见》指出："农村劳动力外出务工为我国经济建设作出了积极贡献，对改善自身家庭经济状况起到了重要作用，客观上为子女的教育和成长创造了一定的物质基础和条件，但也导致部分儿童与父母长期分离，缺乏亲情关爱和有效监护，出现心理健康问题甚至极端行为，遭受意外伤害甚至不法侵害。"〔1〕家庭生活状况对子女的健康成长具有重要意义。在媒介素养方面，有研究发现，10—16 岁的农村未成年人网络素养水平整体不高。相比于农村非留守儿童，留守儿童网络素养水平更差。更为糟糕的是，研究还表明，留守儿童的娱乐行为显著高于非留守儿童，但其网络信息与学习行为显著低于非留守儿童。〔2〕此外，城镇当中还存在着规模庞大的随迁

〔1〕国务院关于加强农村留守儿童关爱保护工作的意见［Z］. 国发〔2016〕13 号.

〔2〕安涛，侯琦. 农村留守儿童网络素养：基于对照的实证研究［J］. 现代传播（中国传媒大学学报），2021，43（8）：161-168.

子女。笔者查阅了诸多文献发现，关于随迁子女网络使用行为的研究数量不多。有研究发现，和普通儿童群体相比，进城务工人员子女群体网络成瘾倾向比例较高。之所以出现这种局面，一方面可能是因为该群体有了广泛接入互联网的机会，另一方面则可能是因为该群体认为在互联网上可以逃避现实，寻求安慰。[1] 有一项在上海开展的质性研究结果表明：进城务工人员的随迁子女一般只有在完成作业之后才被允许上网；虽然大多数随迁子女的家长对子女上网有时间限制，但这些随迁子女总体上与本市户籍的学生在互联网使用特征方面的差异不明显。[2] 不同家庭结构、不同家庭教育方式对孩子会产生不同的影响。政策的制定者和研究者，应该把视野更多地放在随迁家庭、留守家庭中的“弱势”孩子身上。

家长参与网络信息治理共有三种方式。其一是以公众身份参与立法的相关工作。公众参与立法在概念上通常是指非国家机关的自然人、法人或者其他非法人组织在立法机关的组织下，依照法定程序和方式有序参与法律规范制定、修改、废止的相关活动。从世界范围看，公众参与立法是一种普遍趋势，是推进立法公开，推进立法科学化、民主化的重要路径。令人有些遗憾的是，2020 年实施的《网络信息内容生态治理规定》中，尽管规定了网络信息内容服务使用者的法定义务，但对于其参与相关立法工作并未进行制度设计。通过网络参与立法是一项复杂的系统工程，而广大网民对于互联网中的各类问题感受深刻。通过听证会、公开征求意见等方式听取、吸收公众意见，可以提升立法质量，更加全面地反映社会意志。其二是对互联网信息服务平台的监督。比如，针对网络不良信息，在平台上进行投诉、举报，或者予以曝光。其三是规范其自身和子女的网络生产、使用行为。在各类 UGC 模式媒体中，用户即是媒介信息内容的生产者、传播者和消费者，故用户本人更需要

〔1〕 金灿灿，屈智勇，王晓华．留守与流动儿童的网络成瘾现状及其心理健康与人际关系［J］．中国特殊教育，2010（7）：59-64.

〔2〕 王剑，傅华，宋荣维，等．进城务工人员随迁子女网络使用行为定性调查［J］．上海预防医学，2019，31（3）：212-215.

为自己在互联网中做出的所有行为负责。而只有具备一定水平的媒介信息素养，在知识、技能和道德层面都达标，才算是合格的网民。

第四节　关于媒介素养教育理论与实践的反思

一、提供面向家长的媒介素养教育服务，帮助其提高网络监管水平

值得注意的是，旧观念对媒介素养的关注往往集中于儿童、青少年、老年人等按年龄划分的特殊群体上，或者一些按社会身份划分的群体，如公职人员、大学生、其他普通公众等，对家长、家庭的关注并不充分。这种思维亟待改变。比如，有研究者指出，家庭教育自身具备的特点使之能够在媒介素养教育中发挥重要作用，其优势体现在：首先，以亲子关系为中心的家庭教育具有独特的感染性优势，父母的行为举止都会潜移默化地影响孩子。其次，家庭成员之间彼此更为了解，使得家庭教育较之学校和社会教育具有更强的针对性。最后，家庭教育寓于日常生活的各个方面、各个环节。〔1〕对家长群体开展的媒介素养教育可以归入家庭教育服务支持概念范畴之下，完全可以借国家大力推进家庭教育指导服务体系建设的东风，促使其更好、更快地发展。学术界主要站在“知识复制”和“教育交往”两种视角来界定家庭教育。“知识复制”式的家庭教育观认为，教育过程是“有知者（上一代）”向“无知者（下一代）”的单向知识传递；“教育交往”式的家庭教育观更加强调教育过程的动态交互性，即教育过程是人与人的交往，知识在相互交往中被传递、发展与创造。后者作为家庭教育内涵，在近些年来更受推崇。〔2〕从现实情况看，这种强调家长与子女相互教育的理念更加适

〔1〕卢锋，张舒予．家庭媒介素养教育：媒介素养教育本土化的重要途径［J］．电化教育研究，2012（5）：11-16．

〔2〕程豪，吕珂漪，李家成，等．我国家庭教育的内涵反思与时代重构：基于“构建服务全民终身学习的教育体系”的视域［J］．现代远距离教育，2021（6）：3-12．

合网络时代的家庭关系。

在互联网普及、网民低龄化的形势下，尤其是在移动互联网时代，伴随着手机在青少年群体中的流行，家长普遍遭遇了如何指导、监管子女上网的挑战。首先，从网络亚文化的角度看，子女和家长可能并不在一个“次元”下，他们分别属于“二次元”和“三次元”。这里的“二次元”泛指动画、漫画、游戏、小说等，强调的是虚拟世界；“三次元”则指的是现实世界。网络亚文化更加贴合青少年的审美趣味和心理需求。家长和子女虽然都可归属网民群体，但以亚文化做区分，则分属于不同领域。对于与主流文化迥异的亚文化现象，家长普遍难以接受和理解。很多家长没有使用过哔哩哔哩，没有玩过网络游戏，对正常的亚文化现象缺乏理解和包容，对子女接触不良亚文化的行为也做不到及时干预。家长如果不了解子女的网络生活，就难以进行监管，也难以进入子女的内心世界。

此外，在监管青少年上网方面，家长数字技术水平频频遭遇挑战。很多家长在网络方面还存在着“数字鸿沟”理论中提出的接入沟问题。这种情况较多发生在留守儿童（青少年）、流动儿童（青少年）的监护人身上，因为他们往往是家中长辈，由于知识水平和精力有限，难以有效监督孩子的上网行为。通过技术手段对孩子的上网行为进行监管近年来变得日渐可行。家长完全可以设置使用内容、使用时长、使用时段。很多手机提供了家长模式，比如，安装了鸿蒙系统的手机具有“健康使用手机”的功能，而借助此项功能，家长或者监护人可以给手机和特定App设置使用时间，以此来监督、规范孩子的使用手机行为。除此之外，手机上各类App也纷纷启用了针对青少年的青少年模式。该模式一经启用，App中的功能、内容和访问时间都会受到限制。对于家长而言，无论是在手机上还是在App上施加技术控制，都离不开媒介素养的支持。当前，青少年群体使用网络、手机的娴熟程度往往令家长自叹不如。这毫无疑问对家长提出了更高要求，倒逼家长实现信息技能的进步和互联网知识水平的提高。

家长媒介素养的不足，既会导致他们面对媒体时显得力不从心，又使得他们在监督子女上网方面存在困难。全社会迫切需要意识到这一问题，通过多途径提供媒介素养教育，提高家长的媒介素养水平。

二、建立多元主体参与的媒介素养教育体系

媒介素养教育需要政府、学校、社区、企业、非政府组织、科研机构、新媒体等多元供给主体的协同参与，各司其职，从而构建完善的指导服务支撑体系。

政府力量主导和社会各界参与是芬兰媒介素养教育多元主体模式的基本内涵。我国未来的媒介素养教育也要依赖类似的框架，由上至下地进行制度设计并提供各种保障。集中力量办大事是社会主义制度的优势所在。政府推进，明确相关责任主体的职责，完善顶层设计是推进媒介素养教育的前提条件。随着媒介生态和业态的变化，政府部门要意识到提升公民媒介素养的重要性。

媒介素养教育需要多元主体协同参与，而推动者、协调者必然是政府机构。政府应该通过立法、资金投入来打造家庭媒介素养教育服务指导体系。一些国家的政府部门已经参与了有关媒介信息素养教育的活动或做出了实施媒介素养教育的规定，要求中小学、大学开设媒介素养课程，或者在现有学科中融入相关内容。除了政府之外，各种社会力量也可以发挥各自的优势，积极参与媒介素养教育政策的制定和实施，并在学术研究、服务、资金等多个方面为发展媒介素养教育提供支持，从而成为重要推动力量。国外的一些协会和民间组织就发挥了重要作用。比如，美国、加拿大的各级媒介素养教育协会通过开展学术研究、开展相关教育活动、编写教材、建设网络资源等方式影响当地的媒介素养教育工作。

三、继续加强媒介素养理论研究，重视媒介素养教育实践

作为舶来的学术概念，“媒介素养”进入我国学术界和公众视野的时间较晚。虽然学术界围绕相关议题产生了大量成果，但这方面的研究仍存在许多问题。从当前情况看，国内的相关文献研究层次不高，研究

方法和工具比较单一，更多呈现的是思辨式的探讨，较少涉及实证类研究。从研究主题看，国内大部分文献还停留于分析媒介素养和媒介教育的内涵、强调提升不同人群媒介素养的意义的层面。有学者通过梳理相关文献，指出国内关于媒介素养的研究存在两个问题：其一是缺乏来自全国性权威机构的权威定义和权威媒介素养内涵体系认定。这导致学术界对媒介素养的内涵和边界的理解较为混乱、研究方向较为分散。其二是缺乏规模性、持久性支撑。媒介素养研究理论必然要落到实践上，并在实践中发展，而国内的媒介素养教育在实践方面存在短板，导致理论研究也出现了回落。[1] 笔者以为，国内的媒介素养研究最大的缺陷在于忽视实践。媒介素养研究，既是理论问题，也是实践问题。媒介素养研究应考虑实践价值，研究的聚焦点、着力点、落脚点必然要放在媒介素养教育上面。相比于国外媒介素养教育中的丰富且卓有成效的实践活动，以及与之相伴的海量研究，国内的媒介素养教育虽然一直被呼吁关注，但是缺乏实践支撑。国内很少见到关于媒介素养教育实施项目的评估，或者个案研究。整体而言，我国的媒介素养教育尚处于起步探索阶段。从研究现状看，大部分文献研究只是做了浅层次的描述和分析，或者对国外成功实践案例进行介绍和分析，很少涉及既符合我国国情又切实可行的实施方案。这种现象值得我们关注与深思。

---

〔1〕 罗雁飞. 媒介素养研究核心议题：基于 CSSCI 期刊关键词网络分析 [J]. 中国出版，2021 (2)：59-62.

第七章

防范网络不良信息的对策与建议

第一节　网络内容治理所面临的挑战

党的十九大报告指出："加强社会治理制度建设，完善党委领导、政府负责、社会协同、公众参与、法治保障的社会治理体制，提高社会治理社会化、法治化、智能化、专业化水平。"〔1〕相关论述为社会治理的转型升级指明了方向、提出了要求。十九大报告中讲的社会化强调，社会治理不仅依靠党和政府，也要整合社会资源，动员社会的多方力量参与。我国虽然当前对于网络生态治理已经在理论和实践层面取得了很大突破，但仍然面临一些挑战。

一、网络传播特征给内容治理工作带来挑战

互联网每时每刻都在生产着海量信息。技术赋权使得内容生产逐步下沉。从专业机构到社会上普通大众，都可以参与互联网的内容创造。人类拥有无穷的创造力。网络内容类型丰富、表现形式多样，其信息传播呈现传播迅速、成本低，且具有交互性的特征，尤其是 UGC 模式媒体，更是为广大网民提供了展现自我、彰显创作力的平台。大量内容得以快速增长。但与此同时，违法和不良信息也数量激增。一些平台没有履行好监管职责，秉持着"流量至上"的错误思维，一味地放任、纵容不良信息在平台上生产、传播与消费。随着智媒时代的到来，人工智能、大数据又有可能被不法分子利用，加剧负面信息的传播。为了逃避打击，网络不良信息的传播方式经常表现得非常隐蔽，比如，很多内容披着貌似合法的外衣，游走在底线的边缘，大打"擦边球"。甚至有不法分子将服务器转移至国外，频繁地更换 IP 地址等。由于判断标准的模糊性，如何快速、准确地识别网络不良信息，继而进行有效的处理与

〔1〕决胜全面建成小康社会　夺取新时代中国特色社会主义伟大胜利：在中国共产党第十九次全国代表大会上的报告[EB/OL].(2017-10-27)[2022-07-04].http://www.moe.gov.cn/jyb_xwfb/xw_zt/moe_357/jyzt_2017nztzl/2017_zt11/17zt11_yw/201710/t20171031_317898.html.

处罚，成为监管部门和互联网平台都必须面对的问题。

二、多元治理主体协同机制仍不完善

互联网呈现去中心化、扁平化和自组织化的特性。网络环境的复杂性给治理工作带来了巨大的挑战，势必需要多元化主体的协同治理。建立健全网络综合治理体系，则需要理顺各多元主体的关系，并构建有效的协同机制。

政府在互联网治理方面起引领作用，多家职能部门则承担相关业务领域的网络治理责任，这种局面被学者形象地形容为“九龙治水”。在治理网络不良信息时，涉及的政府部门包括国家网信办、国家新闻出版署、国家广播电视总局、文旅部、公安部、工信部等。在这些职能部门中，国家网信办承接了网络治理的专项工作，组织、协调、督促各职能部门对互联网内容加强管理。尽管政府职能部门之间的协同治理已经取得了很大成效，但多头管理仍然暴露出一些问题。例如，各职能部门之间虽然各有分工，但有时会出现相互之间权责分配不够明确的问题，且存在一定职能重复和监管真空的局面，协同机制有待加强。根据《网络信息内容生态治理规定》，网络生态系统治理体系涉及的主体包括政府、企业、社会、网民，要重点规制的对象是信息内容生产者、信息内容服务平台和信息服务使用者这三大行政管理相对人。每个主体的责任和义务都不相同。各主体在治理网络生态中应该各司其职，通过不同的治理工具互相配合，形成合力以实现治理效率的最大化。在提高网络生态治理效率方面，政府一方面要明确各主体的责任，增强其参与意识和参与能力；另一方面要建立有效协同机制，保障各主体能够有效参与。从目前的治理活动看，党和政府居于主导；行业协会、网民在网络治理工作中存在感不强，发挥的作用还不充分；互联网企业在自律方面也存在很大问题，没有履行好主体责任。整体来看，多元治理主体协同机制建设仍待加强。

三、技术风险加大，技术治理效率仍有待提升

一方面，互联网平台的强势崛起、社交媒体的广泛普及，使得传播渠道多样化，信息的收集、加工、分发变得即时化，再加上人工智能、大数据对信息传播的推动作用，给监管部门带来巨大压力。另一方面，网络生态又容易被资本等势力操纵，频频出现扰乱舆论、传递错误价值理念的现象，给社会秩序带来负面冲击。在这种背景下，传统的监管方式往往力不从心，人工审核和研判的工作量大、成本高、效率低下，因而此刻技术监测就显得非常重要，尤其是在人工智能、大数据相关技术日渐落地的背景之下。

目前，网络平台对内容合法合规性的审核主要依赖技术和人工两种手段。在关于违法和不良信息的监测、处置方面，人工智能与大数据技术可以发挥监测预警、识别发现和应急处置的作用。举例来说，国外很多社交媒体以用户举报投诉、样本匹配、人工审查等方式为基础，并结合人工智能算法模型，对极端暴恐仇恨内容进行标记、识别、追踪和移除。[1]

《网络信息内容生态治理规定》虽然明确了平台具有对违法和不良信息内容的审查责任，但并未明晰信息审核的具体流程。[2] 在现实中，各平台的内容审核方式不尽相同，采取的技术手段也有差异。为了节约成本，一些平台过度依赖技术，存在审核过于简化的问题，因此，很多优质内容被“误伤”，而一些违规内容反而未被发现。从实践效果看，比较可取的方式是以技术为辅助，人工审核最后把关。平台一方面应该明确合规标准，使得内容创作者能够知晓、理解，另一方面需要适度增加审核人员的数量。判断内容是否违规，人工审核的准确率更高，结果更为可靠。除了聘用人员之外，平台还可以通过招募志愿者以降低

〔1〕 陈慧慧．网络新技术新应用对互联网内容生态治理的影响及对策［J］．信息安全与通信保密，2018（4）：20-27.

〔2〕 林爱珺，章梦天．网络内容生态治理的多元主体责任规制［J］．新闻爱好者，2021（4）：14-16.

成本。整体而言，目前治理方式和技术发展尚未达成同步。当前以人工智能为代表的新兴技术在网络安全领域和网络综合治理体系中发挥了重要作用。但“在技术研发、应用等方面仍然还有很多需要突破的环节和提升的空间，技术治理效果还远远未达到理想状态”[1]。技术并非绝对中立，技术的背后是人，技术应用于人类社会，而人在研发时必须遵循一定的伦理原则。之前备受热议的外卖骑手陷入算法困境的事件，充分暴露出算法在利益和风险分配方面的不公平。在智能技术日益普及的今天，技术伦理问题必须引起全社会的警惕。在信息分发方面，《网络信息内容生态治理规定》遵循了对技术进行引导和约束的原则，明确了算法推荐与人工编辑相互结合的信息分发方式，要求网络信息内容服务平台在采用个性化算法推荐技术推送信息时，设置符合要求的推荐模型以应对消极和积极信息，建立健全人工干预和用户自主选择机制。目前，平台一方面需要进一步规范数据的收集、使用和储存工作，防止信息泄露和滥用；另一方面需要提高快速应急水平和治理的精确程度，不断完善技术以应对网络安全威胁，并始终将技术逻辑置于法律和道德之下。

第二节　网络信息内容生态治理路径的构建

网络生态的概念借鉴了生态学。在概念上，网络生态是指网络行为主体之间、网络行为主体与网络软硬件要素之间相互作用而形成的，与现实社会环境既存在密切联系又相对独立的虚拟生态圈。网络生态治理就是指将治理理论运用到网络生态问题的解决方案中，发挥网络生态中多种行为主体的治理作用，通过对网络生态中存在的问题进行协商对话、合作互助、控制引导，共同建设互联互通、共治共享的网络生态环

〔1〕张旺．智能化与生态化：网络综合治理体系发展方向与建构路径［J］．情报理论与实践，2019，42（1）：53-57，64.

境的过程。[1]

互联网的去中心化特征要求治理主体多元化、治理体系综合化。随着党和政府对互联网事业认识的不断深入，将综合治理作为治理方向的理念不断明确。2017 年，党的十九大报告明确提出："加强互联网内容建设，建立网络综合治理体系，营造清朗的网络空间。"[2] 2018 年 4 月 20—21 日，全国网络安全和信息化工作会议上指出："要提高网络综合治理能力，形成党委领导、政府管理、企业履责、社会监督、网民自律等多主体参与，经济、法律、技术等多种手段相结合的综合治网格局。"[3] 2019 年，中央全面深化改革委员会第九次会议审议通过了《关于加快建立网络综合治理体系的意见》。该意见指出，要坚持系统性谋划、综合性治理、体系化推进，逐步建立起涵盖领导管理、正能量传播、内容管控、社会协同、网络法治、技术治网等各方面的网络综合治理体系，全方位提升网络综合治理能力。网络生态治理的重心在于网络内容的治理上。网络内容的治理不仅是意识形态建设的一部分，同时也是网络生态建设的一部分。2020 年 3 月 1 日，《网络信息内容生态治理规定》正式实施。作为首个以"内容生态治理"为目标的互联网章程，该规定从生态治理的角度再次重申了已经确立的各项管理制度，全面规划了网络内容的治理体系。

网络内容的治理体系、模式的选择与互联网发展状况，以及特定的国情、政治制度存在密切的关系。综合治理是有关部门针对互联网的形态特征和发展动向，总结我国现有治理体系中得失利弊之后提出的治理方向。综合治理需要树立系统治理理念和多元治理主体协同治理理念，

---

〔1〕 熊光清．中国网络生态之治：问题与对策［J］．哈尔滨工业大学学报（社会科学版），2019，21（3）：2-7.

〔2〕 决胜全面建成小康社会　夺取新时代中国特色社会主义伟大胜利：在中国共产党第十九次全国代表大会上的报告[EB/OL].(2017-10-27)[2022-07-04].http://www.moe.gov.cn/jyb_xwfb/xw_zt/moe_357/jyzt_2017nztzl/2017_zt11/17zt11_yw/201710/t20171031_317898.html.

〔3〕 自主创新推进网络强国建设[EB/OL].(2020-05-24)[2022-07-04].http://www.cac.gov.cn/2018-05/24/c_1122879406.htm.

一方面强调多主体参与，另一方面强调治理手段的多样性，同时，还要注重协同保障机制的建设。网络内容治理体系涉及的主体主要有以下几个。

一、党和政府

互联网治理是新时代中国特色社会主义事业的重要组成部分。中国特色社会主义制度的最大优势是中国共产党的领导。中国共产党在网络内容治理体系中居于首位，起到总揽全局、组织协调的作用，具体表现为：首先，以全面领导弥补治理真空；其次，以领导权威协调管理主体；最后，以政治方法优化治理机制。〔1〕

在网络内容的治理上，党和政府在机构上进行了协同设置。在中国早期的互联网治理工作中，作为规制主体的政府各职能部门呈现所谓的“九龙治水”局面。主管部门的分散导致治理工作常常陷入混乱。2011年之后，中央统一领导的局面逐步形成。2011 年 5 月，国家网信办成立。2013 年，中共十八届三中全会通过的《中共中央关于全面深化改革若干重大问题的决定》指出：“面对互联网技术和应用飞速发展，现行管理体制存在明显弊端，主要是多头管理，职能交叉、职责不一、效率不高。”〔2〕 2014 年，中共中央网络安全和信息化领导小组成立。2018 年 3 月，中共中央印发《深化党和国家机构改革方案》，将中央网络安全和信息化领导小组改为中共中央网络安全和信息化委员会。中共中央网络安全和信息化委员会的办事机构为中共中央网络安全和信息化委员会办公室。

党和政府在网络内容治理体系中居于主导地位。政府主要通过立法工作和执法工作来进行网络生态治理。对于政府而言，网络生态治理又可以分为中央、地方和基层三个治理层次。从政府主体看，互联网治理

---

〔1〕 王建新．综合治理：网络内容治理体系的现代化［J］．电子政务，2021（9）：13-22.

〔2〕 习近平．关于《中共中央关于全面深化改革若干重大问题的决定》的说明［EB/OL］．（2013－11－19）［2022－07－01］．http://theory.people.com.cn/n/2015/0105/c83845－26327182.html.

主要由国家网信办统筹，省级网信办在属地管理原则上行使权力，地市级网信办作为下级部门参与治理，而多数县（区）级基层政府暂未设置独立的管理部门。[1] 从立法情况看，我国已经初步建立了关于互联网信息内容的治理体系。具体表现为：第一，出台大量的法律、法规，使得网络乱象治理工作有法可依。第二，明确了违法和不良信息的范围。需要指出的是，我国涉及网络生态的法律法规倡禁分明，不仅明确了禁止性的违法和不良信息，也规定了鼓励、倡导的内容和行为。第三，明确了网络传播主体的责任和义务，涉及互联网信息传播的各个环节。第四，对违法、违规行为规定了相应的法律责任，包括刑事责任和行政责任。尽管围绕着网络信息内容诞生了一大批法律法规、规章制度，但大多以规章为主，立法层级较低，且在内容上存在交叉和重复。而快速变化的互联网又放大了法律滞后带来的缺陷，需要不断立法以应对网络内容治理工作中不断涌现的新生现象。网络生态和业态的复杂多变，网络环境中新问题的层出不穷，给治理工作不断带来挑战，从侧面凸显出治理工具和手段的滞后。比如，专项整治行动，其开展方式通常是针对某一个时段的严重问题，通过某种专项整治行动进行重点打击，存在一定程度的执法滞后性。而很多重拳治理的领域，经常呈现“野火烧不尽，春风吹又生”的局面。待专项整治行动结束之后，不法活动还会“卷土重来”。这种情况就需要管理者具备一定的预见能力，超前制定政策措施预案，并根据形势变化适时出台，以维护网络生态环境。

政府的监督管理执法主要体现在资质许可、监测审查、违法处理、行政监督、专项整治等方面。常见的手段有专项整治行动，其中，尤其以“扫黄打非”行动在社会中最广为知晓。该专项行动针对网络治理中的热点和痛点，专治“顽疾”，并根据网络生态变化随时调整工作重心。再比如，近年来流行的政府约谈，就是一种针对互联网企业中突出存在的问题，予以纠正并规范的准具体行政行为。但面对互联网中呈现

[1] 朱垚颖，张博诚．演进与调节：互联网内容治理中的政府主体研究［J］．人民论坛·学术前沿，2021（5）：102-107.

指数级增长态势的海量信息，任何监管方式都会面临人力与物力不足的困境。互联网管理部门一方面要主动出击，另一方面要依靠群众举报，充分发动各方面力量。但由于监管空间过于庞大，且违法和不良信息产生的渠道多样，形态也日新月异，因此，总会有监管盲区存在。

党和政府需要不断加深对网络生态治理的认识，突出网络生态治理在国家治理体系中的地位和作用。首先，需要完善现有的涉及互联网治理的法律体系，针对热点、突出问题强化专项立法，整合、修订现有法律法规，从源头上改善目前较为被动和分散的立法情况，使得依法治国的理念在互联网领域得以落实和体现。其次，要充分发挥网信办的统筹协调职能，保障各个政府职能部门的协同参与，避免监管工作出现死角。最后，在执法工作中要重视治理工具的多元化。我国在涉及网络生态治理的执法工作中积累了丰富的经验。网络生态治理内容涉及互联网空间的生产、审核、传播、评估等环节，可能动用到的治理工具也不止一种，治理过程中需要发挥主观能动性，综合运用多种手段以应对网络不良信息。

二、互联网企业

面对复杂的网络环境，单依靠政府职能部门进行信息监管的模式已经无法适应移动互联网时代的各种变化。互联网企业是网络生态的直接管理者，它一方面接受政府的监督管理，另一方面依据法律法规和规章制度，制定并面向用户公开平台规则，通过人工和技术措施，营造健康的网络生态。互联网企业需要增强主体责任意识，注重内容管理，加大力度强化内容审核工作，采取各种手段阻止违法和不良信息的生产、传播和消费。同时，应该积极制作、复制、发布优质内容，并通过算法技术向用户推荐，弘扬社会主旋律，传播正能量。具体措施包括健全用户注册、账号管理、信息发布审核、跟帖评论审核、版面生态管理、实时巡查、应急处置、网络谣言和黑色产业链信息处置等制度。对于网络生态治理，需要设立相应的负责人和专业的工作人员，并加以培训。互联网企业需要加强企业的社会责任意识，针对平台内容质量，在人力、物力、技术上提供足够的支持，以综合技术和人工手段维护良性网络生态。网络信息内容服务平台还应该积极开发青少年模式，面向网络用户推广使用，对内容进行分级管理，保障未成年人的健康成长，并且要建立投诉、举报渠道，方便、鼓励网民进行社会化监督。

另外，网络信息内容服务平台需要加强对内容生产者的规范管理，明确违规标准，并通过培训、开展讲座等方式提升内容生产者、内容服务使用者的媒介素养。此外，互联网平台从业人员的素质对网络空间的清朗至关重要。无论是作为内容监管者，对平台内容行使监督管理的权力，还是本身即是内容创作者，在融媒体背景下对于其职业技能和职业道德都提出了新的要求。特别是从内容监管的角度，网络信息内容服务平台从业人员必须既要能熟练掌握和网络新媒体有关的法律法规，同时也要能掌握网络传播的规律。

三、行业协会

行业协会处于党和政府、互联网企业和网民之间，起到协调、管理的作用。近年来，行业协会在互联网综合治理体系中的作用不断增强。国家网信办发布的《网络信息内容生态治理规定》中明确了行业协会参与网络生态治理的工作目标。该规定对行业协会提出了四个方面的鼓励性要求。其中，第二十六条规定："鼓励行业组织发挥服务指导和桥梁纽带作用，引导会员单位增强社会责任感，唱响主旋律，弘扬正能量，反对违法信息，防范和抵制不良信息。"[1] 2021 年 9 月 2 日，国家广播电视总局办公厅《关于进一步加强文艺节目及其人员管理的通知》得以发布。该通知进一步落实了行业协会对文艺工作监管的责任。该通知要求"广播电视、网络视听行业协会等社会组织要进一步完善行业规范和自律公约，积极开展道德评议。加强思想政治、职业道德等教育培训，建立常态化培训机制，优化教学内容，强化案例教学，以案说

〔1〕 网络信息内容生态治理规定[EB/OL].(2019-12-20)[2022-07-04].http://www.cac.gov.cn/2019-12/20/c_1578375159509309.htm.

法、以案示法。对行业不良现象、反面典型旗帜鲜明发声批评，坚决反对圈子文化和行业陋习，正本清源，维护行业良好风气”[1]。由此我们看出行业协会在防范、治理网络不良信息中的作用。

行业协会是社会监督的重要力量。近年来，尽管行业协会在互联网综合治理体系中的作用不断增强，但相比于海外行业协会在规范行业标准、推进行业自律中发挥的作用，国内的互联网、新媒体等领域的相关协会仍然任重道远。当前，行业协会参与网络生态治理的方式主要有三种：一是推进行业自律，常见的方式包括推动行业制定自律规范、行业公约、倡议书；二是推进行业信用评级体系；三是开展行业学习和培训，提升从业人员的职业素养。有学者指出，互联网行业协会具有三个方面的角色和功能：其一是“政府的伙伴”，也即与政府共同治理互联网；其二是“企业的家园”，也即维护和增进行业的共同利益；其三是“网民的朋友”，也即提供网民参与网络治理的稳定渠道。[2]

尽管社会各界很早就认识到了行业协会对于互联网健康发展的重要性，但互联网行业协会参与网络治理还存在一些现实困难。一方面，表现为人力和资金的不足，迫切需要政府部门的支持；另一方面，表现为治理工具的有限和话语权较弱。尤其面对违法违规的互联网企业时，行业协会的监督和处罚手段有限，约束力不足。此外，互联网行业协会和其他组织、机构的协同能力还有待加强。为了营造良好的网络生态，发挥互联网行业协会的作用，笔者认为，可以从以下方面入手：第一，政府应该加大对互联网行业协会的支持力度，通过立法明确其在网络治理中的角色和地位。同时，互联网行业协会应该发挥服务指导和桥梁纽带的作用，完善行业自律机制建设，倡导会员单位增强社会责任感，弘扬社会正能量，并强化对网络不良信息的审核。第二，互联网行业协会需要协调会员单位，制定行业规范和自律公约，建立内容审核标准细则，

---

〔1〕 国家广播电视总局办公厅关于进一步加强文艺节目及其人员管理的通知［Z］. 广电办发〔2021〕267号.

〔2〕 王湘军，刘莉. 从边缘走向中坚：互联网行业协会参与网络治理论析［J］. 北京行政学院学报，2019（1）：61-70.

并积极开展培训和宣传工作，以增强从业人员的法律意识和治理能力。第三，互联网行业协会可以牵头推动行业信用评价体系建设，完善奖惩机制，加大对会员单位的激励和惩戒力度，督促会员单位和从业人员遵守法律和传播伦理。

四、网民主体

（一）鼓励网民积极参与网络生态治理

面对违法和不良信息，当公民、法人或其他组织的正当权益遭遇侵害，或者其出于利他动机时，行使举报权力是非常有必要的。相比于政府相关职能部门行使公权力的监管活动，网民举报和自我检查（也即在网民制作、发布相关内容时，根据法律和伦理对内容的主动调整行为）的行为，属于网络亲社会行为。从当前的国家政策和媒体实践来看，网络举报制度被管理部门和网络运营商寄予厚望。

（二）提升网民媒介信息素养，强化网民主体自律

各类新媒体平台，特别是 UGC 模式的平台，无不对内容创作者提出了各种指导性要求。若要实现网络生态环境的清朗，就必须提升公民的自身素质，加强网民主体自律，增强网民的社会责任感。媒介素养是 21 世纪公民应具备的一项基本能力和要求。学者们所强调的媒介素养涉及接近、分析、评判和创作各种媒介的四项能力，无不与网络生态相关联。现代公民需要理性认识互联网，既要发挥在网络空间中作为内容的生产者、传播者、使用者的主体作用，让互联网更好地为社会发展服务，同时，也不能被网络上的各种虚假、不良信息蒙蔽双眼。网民上网需要遵循传播伦理，正确行使表达权力以参与公共生活，明辨是非，自觉纠正不良舆论导向，注意引导自身情绪，并树立正确的价值观念。在“人人都有麦克风”的时代里，一部分作为网络内容生产者的网民更需要坚持价值导向，遵纪守法。当今时代呼唤媒介素养教育，以提高全体公民的媒介素养水平。需要注意的是，媒介素养教育可以通过多种方式、借助多种主体加以推进。参照国际上成功的实践案例并加以本土化改良是一个很重要的思路。

第三节　青少年网络使用的多元协同干预模式

帮助青少年矫正网瘾，引导、监督青少年科学上网的工作复杂，对家庭、学校和社会都提出了新的要求。青少年并非是孤立的个体，而是处于一定的社会环境之中，故而他们的健康网络行为习惯的养成，需要考察与个体相互联系的生态环境。本书借用在社会工作领域非常重要的生态系统理论进行相关问题的分析。从起源上看，生态系统理论由一般系统理论发展而来。1979 年，布朗芬布伦纳（Bronfenbrenner）提出生态系统理论，完善了之前的一般系统理论，形成了完整的模型框架。他提出的生态系统分别包含微系统、中系统、外系统、宏系统及长期系统。微系统是指个体直接接触的系统，如家庭、学校、同伴群体等；中系统是指个体所处的不同微系统之间的联系与互动，如家庭和学校、父母和同伴之间的互动；外系统是指个体不直接参与但会对微系统产生一定作用的外围系统，如父母的工作单位、学校的领导机构等；宏系统是指个体成长所处的整体社会环境，并直接或间接影响着个体的成长经历及感受，如价值观念、风俗习惯等；长期系统是指在个体发展中所有的生态系统都会随着时间的变化而变化。[1] 生态系统理论将个体置于一个系统场中，对人的发展进行解释分析，强调个体处于一系列相嵌套和交互影响的系统环境结构之中，而环境以各种方式和路径间接或者直接影响个人发展。如今，该生态系统理论也成为发展心理学的重要模型，对于理解儿童的成长具有非常重要的价值。在国内，俞国良、李建良、王勍依托这一理论，在梳理以往研究的基础上，建立了社会转型影响青少年心理健康的社会生态模型。在这一模型中，社会转型首先影响宏系统、时间系统中的相关因素，进而对外系统、中系统、微系统产生一系

〔1〕 卓彩琴．生态系统理论在社会工作领域的发展脉络及展望［J］．江海学刊，2013（3）：113-119.

列的影响，最终影响青少年的心理健康。[1]

当然，布朗芬布伦纳提出的生态系统理论也存在一定的缺陷，例如，较少关注个体的主观能动性，将环境和个体视为对立关系。之后，生态系统理论又得到了进一步发展，比较有代表性的是社会生态理论的提出。2006 年，查尔斯 · H. 扎斯特罗（Charles H. Zastrow）和卡伦 · K. 柯斯特-阿什曼（Karen K. Kirst-Ashman）合著的《人类行为与社会环境（第六版）》问世。该书详尽阐释了人类行为与社会环境之间的多层系统，以及两者之间的互动关系。他们将人的社会生态系统分为三种类型，即微观系统、中观系统和宏观系统，三个系统总是处在互相影响和相互作用的情景之中。微观系统是指个人，从广泛意义上讲，个人是具有生物系统、心理系统和社会系统的系统类型。中观系统是指任何小规模的群体，包括家庭、职业群体和其他社会群体。宏观系统是指比小规模群体大一些的系统。在社会环境中，个人微观系统与其他各中观系统相互作用，又受到社会环境中与之互动的宏观系统的持续和重大的影响。宏观系统以文化、社会、机构和组织四种主要类型影响案主个人。而社会力量，如政治、经济、环境和意识形态力量对社会环境产生影响。微观、中观和宏观三个系统都在社会环境之下，社会环境包括围绕着人的条件、环境和人的相互作用。

网络生态治理的理念来源于生态学衍生而出的信息生态学。随着互联网治理工作的深入，我国在制定网络信息内容治理框架时也借鉴了这一思路。2021 年 3 月 1 日，《网络信息内容生态治理规定》正式施行。这是我国网络信息内容生态治理法治领域的一个里程碑事件。该规定一方面构建了多元主体协同共治的治理模式，建立健全网络综合治理体系；另一方面，明确了网络信息内容的生产者、网络信息内容服务平台、网络信息内容服务使用者及网络行业组织在网络生态治理中的权利与义务。网络生态治理与青少年科学上网之间存在着密不可分的关系。

---

〔1〕 俞国良，李建良，王勍．生态系统理论与青少年心理健康教育［J］．教育研究，2018，39（3）：110-117.

科学上网以网络生态治理作为前提，而科学上网也能维护网络生态。笔者在综合以往关于未成年人网络保护实践和研究的基础上，尝试提出以规范青少年科学上网为目标的“微观—中观—宏观”支持系统。

一、微观系统层面

在微观系统层面，青少年个体需要做到以下三点：一是提升自身的媒介素养；二是培养自身的健康爱好；三是树立正确的价值观念。在互联网时代，青少年个体的媒介素养水平直接关系到青少年能否健康成长，因此，这不仅需要媒介素养教育的跟进，也依赖青少年有意识的自我学习，掌握接近分析、评判和创作各种媒介的能力。

互联网是现代人消遣娱乐、打发时间的重要途径，对自制力弱、好奇心强的青少年尤其具有吸引力。在当下“双减”的背景下，随着作业负担和校外培训负担的减少，青少年有了更加充裕的休闲时间。而互联网又与青少年联系密切，家长难以将手机与孩子隔离，如何妥善安排青少年的课外生活，这无疑为青少年的健康成长提出了新的挑战。在一定程度上，转移注意力是戒除网瘾的重要策略之一。尊重青少年的个性和特长，培养其积极健康的业余爱好，特别是培养其体育运动方面的爱好显得尤为迫切。目前，体育运动处方作为一种重要干预方案，在治疗网络成瘾方面已经取得了显著成效。这种措施本身具有娱乐性和社交性，且在生理层面可以提高脑部、神经及躯体的发育水平，在心理层面则可以增强青少年的自信心、自尊感，除此之外，在降压、缓解焦虑方面具有显著效果。

青少年普遍缺乏阅历和经验，又容易产生逆反、偏激心理。多数青少年从小就生长于网络环境之中，不可避免地接触到一些不健康或与主流思想相违背的信息，而这些信息很可能会扭曲其正确的价值观。在这种背景下，“扣好人生第一粒扣子”，持有正确的价值观就显得非常重要。广大青少年需要深刻认识和理解社会主义核心价值观的深刻内涵，通过各种学习，增强其价值判断力和道德责任感，学会辨别什么是善恶美丑、是非曲直，切实增强独立认知能力。

二、中观系统层面

（一）社会提供面向家长的包含媒介素养教育在内的家庭教育指导服务

对于常见的三种媒介干预模式，即限制型干预、积极型干预和共同使用，家长如何选取，需要根据具体情况采取灵活的策略。而选取的媒介干预方案能够发挥什么作用，也依赖一系列因素的影响，如子女年龄、家长媒介素养、亲子关系、家长媒介使用行为等。不同家庭的结构、关系、经济水平，以及父母学历差异很大。有关部门需要加强关于育儿理念、知识的宣传教育，重点关注文化水平较低的父母，以及留守、流动、单亲家庭的家长，向他们提供家庭教育指导服务。学校和家长必须意识到，只有通过积极向上的生活方式，才能促使孩子走向健康成长的道路。而要想达到这一目的，可以通过社区文化服务机构、公共文化服务机构、教育机构、公益机构以培训、讲座、参与式活动等方式，或通过媒体渠道如各类教育服务平台，面向家长提供媒介素养的教育服务。

（二）学校提供面向青少年群体的媒介素养教育和心理干预服务

对于青少年来说，学校是提供系统教育的机构。学校教师不仅可以传授知识，还可以对学生进行监督、纠正和反馈。各级学校需要将媒介素养教育融入教学活动之中，通过各种教育途径，包括课堂学习和课外活动，有效提高青少年的媒介素养水平，使其养成科学上网的良好习惯，自觉抵制互联网上的违法和不良信息。心理矫治法是矫治青少年网络成瘾的一种重要方法。一方面，各级学校需要加强心理健康教育，围绕网络使用问题开设心理健康课程、讲座，帮助学生应对互联网带来的困扰。另一方面，各级学校需要面向学生提供心理咨询服务，对患有网瘾的学生提供心理健康服务，培养学生乐观、积极向上的心理品质。

（三）家长对孩子交友和使用网络进行指导和干预

站在家长的角度，面对互联网对子女的威胁，采取网络监管活动在当前显得非常重要。家长需要找到适合自己家庭的监管方式，并考虑监管对亲子关系的影响。同时，家长需要提升自身的媒介素养，和孩子建立良性的关系，对子女上网进行有效监督。

现有研究已经表明，青少年的网络使用会受到其同伴的影响。互联网影响了社交方式，但反过来，社交需求也会影响互联网的使用。举例来说，时下热门的《英雄联盟》游戏需要组队进行，青少年容易因受到同伴邀请而参与游戏，而同伴错误的网络使用行为和方式，比如，网络沉迷又会产生示范效应。在这过程中，影视作品、热点话题又往往成为青少年的谈资。对这些内容的接触、理解同样受到同学、朋友的影响。站在家长的角度，对孩子网络使用行为的监管绝不能忽视同伴效应。在很多情况下，不良同伴对于子女的影响很大，有时甚至超过家长的影响，因而家长需要对子女与这类同伴接触进行干预。

三、宏观系统层面

（一）净化网络生态环境，推进媒介素养教育

青少年若长期接触网络，自然会逐渐将互联网世界等同于现实世界，而不良信息会趁机负面影响青少年的认知、态度、行为等方面。根据社会学习理论，媒体给人们提供了通过观察来获得间接经验从而进行学习的机会。在此前提下，错误的榜样示范会产生错误的模仿行为。因而需要净化网络生态，助力青少年的健康成长。

只有良好的网络生态环境，才能为青少年的健康成长撑起一片蓝天。虽然党和政府高度重视网络生态治理工作，但互联网发展的瞬息万变，对网络治理工作提出了很多挑战。网络生态治理，需要不断完善的治理体系，推陈出新技术手段，以及提升多元主体的协同参与能力。在人人皆有手机的时代，媒介素养教育的重要性无须赘述。媒介素养教育体系应该由政府、社会、学校、社区等多元主体协同推进。全社会上下应该进一步提升对媒介素养教育的重视程度，强化制度设计，尽快建立起顺应媒体发展趋势、符合国情的全民媒介素养教育体系。国家应该鼓励多元化主体以各种灵活的形式参与家庭教育服务，而高等学校也应该加强在这个方面的研究，并提供诸多社会服务。2021 年 12 月，华中师

范大学家庭教育学院成立。该学院由湖北省妇女联合会、湖北省教育厅与华中师范大学协同共建，拟通过线上、线下相结合的方式开设一系列高质量的家庭教育课程，整合教育学一流学科的优势和校内外的教育资源，深入开展对家长的培训辅导和咨询服务。同时，定期组织专业教师举办“家庭养育小组”、科学育儿讲座、育儿沙龙、专家咨询等活动，鼓励学生参与其中，为家庭提供科学养育指导和专业健康服务，增强家长科学育儿的能力。

（二）强化优质文化供给

长久以来，围绕着青少年网络使用问题的研究大部分都采用的是预防型思维，多强调不良信息、不良行为的危害性，继而围绕着青少年群体的特点提出措施与建议。相比之下，对青少年文化供给的关注则稍显不足。时至今日，主流媒体入驻第三方商业平台已经成为普遍趋势。电视、报纸、广播、杂志除了自建平台外，还积极入驻微博、微信、抖音、哔哩哔哩等网络平台，一些新闻机构还入驻了聚合新闻客户端。主流媒体的这种协同发展模式在当下取得了不俗的成绩，在新媒体运营方面做出了有益的探索。《人民日报》、新华社、中央电视台一改往日风格，在新媒体空间中主动调整内容和形式，迅速收获了大量的粉丝，获得了一致好评。与此同时，近年来也出现了大量内容和形式符合青少年审美的优秀文化作品，在赢得受众的同时不忘传递正向价值观。

事实上，优质内容和不良内容在媒介空间中处于一种竞争的状态，争夺青少年的关注和流量。思想文化阵地，优质内容若不去占领，就会被不良内容“捷足先登”。如果没有充分、多样的优质内容，青少年就容易被不良内容吸引，从而影响他们的健康成长。分析青少年科学上网问题，绝不能缺少文化供给的思维。长期以来，国家出台了一系列政策法规，为优秀文化产品提供了创作和生产方向，并给予了各种支持和扶持。例如，《出版管理条例》第五十五条，明确了国家支持、鼓励出版物的范畴，包括：① 对阐述、传播宪法确定的基本原则有重大作用的；② 对弘扬社会主义核心价值体系，在人民中进行爱国主义、集体主义、社会主义和民族团结教育以及弘扬社会公德、职业道德、家庭美德有重要意义的；③ 对弘扬民族优秀文化，促进国际文化交流有重大作用的；④ 对推进文化创新，及时反映国内外新的科学文化成果有重大贡献的；⑤ 对服务农业、农村和农民，促进公共文化服务有重大作用的；⑥ 其他具有重要思想价值、科学价值或者文化艺术价值的。

互联网给宣传教育工作带来了很多挑战。互联网在不断发展，社会审美也在不断变化。在文艺创作方面，如何在互联网时代与时俱进地进行高水平创作，是摆在所有专业的文化工作者和互联网内容生产者面前的一道必答题。尊重观众审美，摒弃浮躁心理，让符合主流价值观念、传承优秀历史文化的文艺赢得青少年的喝彩和认同是当下文艺创作者的使命担当。只有这样，文艺作品才能走进青少年的内心，滋养他们的精神世界。面对青少年群体和互联网世界的特性，尽管新时代的文艺创作内容、形式处在不断发展变化的态势之中，但创作的思想、灵魂不能变。文艺创作要坚持马克思主义文艺思想，将以人民为中心作为创作导向。相比于西方，我国儿童题材类电影在所有电影品类中所占比例偏低，优秀作品较少，“大牌”导演对这一题材普遍缺乏兴趣。青少年题材类电影在20世纪八九十年代之后，虽偶有精品出现，但整体陷入低迷。随着像《爸爸去哪儿》这类亲子类综艺的火爆，青少年题材创作回潮，虽迎来了一批高质量的作品，但同时也暴露出很多问题。比如，创作者出于商业利益，过度消费早恋、留学等话题；用成人化的视角讲述青少年的故事；内容上庸俗和低俗，脱离现实世界。可喜的是，近年来青少年题材的影视作品迎来了扎堆现象，其中涌现出了一批质量上乘、在网络播放量和口碑方面均取得成功的作品。事实证明，要想获得青少年受众的青睐和认可，青少年题材的影视剧在创作上必须做到从选题到内容表现都要贴合青少年的生活及审美习惯，过于浮夸、不接地气的作品很难打动青少年。

在新媒体时代，受众的创作热情被极大地激发出来，用户生成的内容在规模体量上远远超过了专业机构。技术改变了文艺生产的方式，也改变了文艺生存的基础，但不变的是作品质量的标准。优质文化产品不能丢弃精神内核。有关部门不仅需要净化网络生态，还应该大力扶持、推广李子柒这样的优质内容生产者，让他们也加入引领价值观和引导审美的队伍之中。此外，“青少年模式”同样也依赖优质媒体内容的建设，例如，抖音的“青少年模式”是通过建立内容池的方式，依据儿童年龄进行适龄推荐。最后，不仅文化产业和互联网行业需要加强内容建设，学术研究同样应该立足现实需求，关注优秀文化的生产问题。整体而言，关注青少年的媒介需求，探求青少年文艺作品创作规律的文献数量目前仍然不多，迫切需要进一步丰富。

（三）探索本土化的内容分级制度

分级制度在发达国家（地区）已经得到了广泛的实施，并取得了很好的成效。为了在文艺创作自由和保护青少年健康成长之间取得平衡，在媒介内容方面借鉴海外成功经验，科学制定分级制度和内容推荐制度在当下非常具有必要性。在分级制度方面，我国可以参考美国的电影评级体系，通过第三方中立机构对媒介内容进行评级打分，并赋予相应的电子标识。家长和青少年可以依据推荐结果自主选择。互联网平台也可以依据评级情况对不同年龄用户进行访问限制，并通过密码、指纹、人脸识别等技术手段保障分级制度的实施。从世界范围看，分级主要是针对主题、语言、暴力程度、裸露程度等进行的。在我国，时下最为迫切需要解决的是媒体中暴力内容对青少年的影响。无论是家长的媒介干预还是社会舆论，都对这一问题关注不足。在我国实施分级制，可以先从整治暴力内容入手，逐渐摸索经验，再扩大适用范围。

第八章

未来研究展望

第一节　网络不良信息研究现存的不足之处

一、不同学科之间缺乏对话

学术界围绕着网络不良信息出现了大量研究。站在传播学经验学派的角度，这是一个典型的传播效果的问题，关注的是色情、暴力等内容在个体层面产生的影响和相关机制问题；站在传播学批判学派的角度，这是一个亚文化问题；站在法学的角度，这又是一个上升到国家安全层面的网络规制问题。而当网络不良信息问题与网络成瘾研究发生联系时，又会受到心理学、公共卫生学的持续关注。当前学术体系建设存在的一个重要方向，就是学科交叉。对于社会科学而言，学科交叉既包括社会科学不同学科内部之间的交叉，也包括与自然科学、人文学科的交叉。对于网络不良信息这一社会现象，不同学科均贡献了大量的研究成果。其研究理论、方法、实践迥异，迫切需要加以整合，以提供给我们更为整体性、系统性的思考。这有助于我们加深对网络不良信息这一复杂问题的认识，从而解决这一复杂问题。

举例来说，国内学术界现有的对治理网络不良信息的思考，更多的是建立在公序良俗的道德层面上，尤其是在保护青少年或未成年人的前提之下，它成为一种价值判断。社会科学应该重视事实判断，而实证研究可以提供另外一种解释的视角，以传播学、社会学、心理学等学科的成果，为我国现行的关于规制文化产品的法律法规、政策的合理性提供证据支持。同时，实证研究为社会提供了一个更加全面的思考不良信息问题的视角，可以凝聚社会共识，共同打击不良信息。此外，传播学、心理学的研究成果也为医学意义上防治网络成瘾提供了重要思路。

二、本土实证研究需要加强

总体来说，国内涉及网络不良信息问题的文献主要讨论的是法学问题，实证研究并不多见，其中采用传播学视角进行研究的则更少。需要说明的是，国内学者潘绥铭等人获得过研究这一主题的项目资助，并已取得丰硕的研究成果，但整体上通过统计手段探求因果关系的研究还比较少见。从现有文献看，一方面，国内学界对这一问题缺乏观察视角，因而国内研究相对较少；另一方面，笔者通过梳理目前已有的国内外研究，发现它们存在以下不足：第一，缺乏多层面的分析，仅限于使用卡方、回归分析等统计工具分析变量关系，受制于数据结构和模型，相关研究对影响机制的分析不足。需要说明的是，在探索网络不良信息的影响方面，价值观与行为之间的关系并没有引起学术界的足够重视。不仅国内学者尚未关注这一方面，国外学者对此的研究也并不多见。有学者认为，两者之间的关系是单向的，比如，涉性态度会增加涉性风险行为的发生概率，但笔者认为，两者之间的关系应该是互相影响的，这个方面还需要进一步探索。第二，缺乏纵贯研究和实验研究。量化研究中大部分文献都属于调查研究，实验研究则非常少见。相关数据基本都是截面数据。所谓截面数据是指在某个时点收集的不同对象数据，只能用于针对某一个时点上的社会现象进行探索性与描述性研究，往往难以满足社会科学研究中因果推断的需要。模型容易产生忽略变量偏倚及内生性问题等。除非截面数据包含回顾性信息，而即便有，其准确性也值得怀疑。第三，缺乏对质化研究的关注。站在方法论的角度，质化研究和量化研究各有优势和劣势，对于同一社会问题应该协同并进，共同起到分析、理解、解释社会问题的作用。

三、国内实证研究伦理意识不强

伴随着国内科研事业的蓬勃发展，在科研成果数量和质量不断提升的同时，关于伦理问题的争议却接连进入公众视野。南方科技大学原副教授贺建奎在2018年宣称通过基因编辑技术，使一对双胞胎女婴获得了HIV免疫力，相关事件引发了世界范围的争议。经有关部门调查，相关研究并没有通过生物医学的伦理审查，违反了起码的学术伦理和学术规范，而滥用技术对这一对女婴的健康可能产生无法预知的后果。之后贺建奎因构成非法行医罪，一审被判处有期徒刑三年并处罚金300万元。2019 年，李克强总理在政府工作报告中明确提出要“加强科研伦理和学风建设”。

无论是社会科学还是自然科学，对于研究者而言，都无法回避伦理研究这个问题。对于社会科学，尤其在涉及敏感的研究主题和特殊研究对象时，研究人员必须要正视伦理问题。艾尔·巴比（Earl Babbie）的《社会研究方法》是美国多所大学的社会学通用教材。这本书就算被称为国内影响力最大的社会科学方法类译著也不为过。这本著作中提到的社会科学研究中普遍流行的伦理准则包括自愿参与、对参与者无害、匿名和保密原则。从中国知网中发表的论文情况看，国内大多数关于伦理审查的研究都集中于生物医学领域，社会科学领域的相关文献数量明显不多。潘绥铭和黄盈盈是我国从事性社会学研究的资深学者。在他们撰写的《中国社会调查中的研究伦理：方法论层次的反思》一文中，他们结合性社会学研究实践分析伦理问题指出，讨论伦理不仅应该从道德角度进行，还应该从方法论角度进行；贯彻研究伦理可以促进研究中的互动，提升研究质量。他们认为，所有研究都应该贯彻研究伦理，并在学术成果中加以清晰表述，而这也应该是学术评审的要求。针对中国国情，两位学者提出本土研究伦理的三项标准，即知情同意、尊重与平等、无伤害与受益。[1] 此外，赵哲和曲波强调了教育研究伦理审查制度的缺失问题。他们认为，当前伦理审查制度处于缺失状态，具体表现为三个方面：一是教育研究伦理审查制度缺乏行政性与法理性依据；二是教育研究伦理审查制度缺少赖以依附的实施载体；三是教育研究伦理审查制度欠缺科学规范的运行程序。[2] 从国际惯例看，社会研究的设计、实施、成果发表和传播等环节，都需要符合伦理规范。世界上的很多大学和研究机构都设立了伦理委员会。这些委员会制定明确的研究伦理规范，并行使相应的监督职能。而相比之下，我国的相关制度设计还

〔1〕黄盈盈，潘绥铭．中国社会调查中的研究伦理：方法论层次的反思［J］．中国社会科学，2009（2）：149-162，207.

〔2〕赵哲，曲波．我国教育研究伦理审查制度的缺失及建构［J］．高校教育管理，2021，15（3）：61-69.

非常不完善。

整体而言，国内社会科学研究者普遍对伦理问题关注不足。国内很多涉及敏感话题的研究（如性问题）并没有足够的伦理考量。它们很少呈现研究设计和操作化时应该注意的细节，更很少给出关于伦理审查的结论。相比之下，在国际上发表的成果则普遍比较规范。纵观我国的社会科学研究者，不仅从事研究时其研究伦理意识不足，而且其所在学校、学术学会也没有提供必要的制度支持。即便研究者想要提交申请，也没有对应的机构对研究方案和过程进行评估、审核。在美国，学术学会是一个非常重要的行业自治组织。美国的心理学会是心理学领域最权威的组织。该学会的使命之一即是监督与保持会员的专业道德和操守。相比之下，对于我国的科研工作，尤其是社会科学领域的研究工作，行业学会普遍没有充分发挥伦理审查的功能。显而易见，青少年尚处于身心发展的重要阶段，其心智尚未成熟，其权益更有可能受到研究过程和成果传播的影响。社会研究不能伤害研究对象，而涉及敏感问题，例如，对网络不良信息领域开展研究时风险很高，非常可能伤害到被研究者的心理健康。研究者必须提前考虑到研究过程及成果发表的相关风险，并采取相应的保护措施。无论是开展量化研究还是开展质性研究，都要顾及被研究者的心理状态。坚持无伤害原则时，还应该注意保护当事人的隐私，防止产生名誉权受损的情况。而在研究中，关键中的关键是，务必要保证伦理审查不能形同虚设，必须完善相关制度建设以保证社会科学研究的科学性和伦理性。

总而言之，无论是一般性的社会研究，还是在面向敏感研究主题和特殊研究对象时，都非常有必要设立伦理委员会，在制度上赋予其合法性和权力，同时，在人力、物力等方面加以保障。除此之外，还要保证伦理委员会的权威性和专业性，使其真正能够起到把关、监督的作用。从主体上看，一般而言，伦理委员会设立于大学的院系之中，由院系中具备一定学术资格的教师代表担任。结合目前国内大学的现状，学校内部的各级学术委员会和行业学术学会应该承担这一职责。只有注重伦理建设，才能恪守学术道德，维护学术声誉，保障学术质量，并维护被研究对象的各项权益。

第二节　不良信息研究的展望

一、促进学科交叉融合

新时代呼唤新的高等教育。2019 年 4 月，教育部等 13 个部门联合启动“‘六卓越一拔尖’计划 2.0”，明确提出“全面推进新文科建设”。2020 年 11 月，由教育部新文科建设工作组主办的新文科建设工作会议在山东大学召开。会议发布了《新文科建设宣言》，对新文科建设做出了全面部署，指明了文科教育未来的发展方向。随着信息社会的发展和媒介生态的变革，对于围绕社会现象而产生的研究问题，新的时代使命要求各学科必须加快创新发展，促进不同学科专业的深度交叉融合。对于某一学科领域研究，通常经过吸纳其他学科的理论和方法实现方法的更新和视角的转换。探索不良信息问题也是如此。

（一）突破思维，实现跨学科、跨专业方面的交流

当前，人类的知识门类主要划分为自然科学、社会科学和人文学科三类。学术界已经普遍意识到学科交叉是科学发展的必然。理论方法的日益成熟和现实问题的复杂多样，使得被割据的学科在研究时处于不利地位。对不良信息的研究、治理和防范工作涉及多个学科之间的不同流派与范式。日益错综复杂的社会问题难以通过单一学科研究解决。

从研究者培养的角度来看，随着知识的不断发展，不同专业壁垒日渐消弭。过度强调学科内部的区分只会导致研究者的知识结构、思维模式缺乏广度和深度，在应对研究问题时力不从心，因此，科研协作方面迫切需要打破学科专业的壁垒，实现学科内部和跨学科的交叉融合。从学科源流看，现代意义的社会科学在发展历程中深受自然科学的影响。不同学科之间又存在互相借鉴的现象，比如，新闻传播学在成长过程中吸收了大量其他学科的营养，与社会科学、人文学科和自然科学存在密切联系，尤其重视吸收信息科学、心理学、社会学、政治学、管理学相关领域的成果，具有很强的包容性和开放性。近些年来，新闻传播学与

其他学科的交叉融合呈现加速的趋势，新问题、新领域、新理论、新方法不断涌现，比如，依赖数据科学和社会科学的融合，在线数据和算法催生了计算传播学这一全新领域，而媒介管理学、媒介经济学、传播法学等分支都是新闻传播学与其他学科融合的产物。显而易见，其他学科也都存在类似的现象。当前，对学科交叉存在狭义和广义两种理解方式。狭义的学科交叉指的是社会科学与自然科学交叉，自然科学的理论、方法不断丰富着社会科学的视野和手段，如各种复杂的高级统计技术、实验技术的引进，以及近些年来已经成为“显学”的计算社会科学；广义的学科交叉是指各个学科门类之间的交叉融合。当然，在社会科学领域，交叉学科建设应该服务于社会现实需要，服务于国家战略需要，其问题应该有现实意义，而并非一哄而上，为交叉而交叉。

（二）完善顶层设计，制定灵活、务实的机制作为保障

尽管近些年来各高校、科研机构对学科交叉的重要性达成了共识，但对如何建设的问题仍然处于探索阶段。实现学科交叉融合，既需要加大投入，完善硬件设施，如实验室器材、设备等，又要重视机制层面的顶层设计。如何在现有的院系格局下实现科研、教学工作的有效合作协同，如何实现相关人员的绩效考核和成果认定，如何建立与之相对应的人事制度，等等，这些问题摆在管理者的面前。当前学科交叉建设还面临着学科壁垒的限制，需要找到合适的机制共享不同学科的资源。当然，针对不同学科评价体制的差异，也需要进行科学的制度设计。

有学者总结了名校北京大学的学科交叉经验，指出：“从体制机制来看，世界一流高校推进学科交叉融合的形式并不相同，有的采用松散的学术计划模式，有的采用相对独立的组织实体模式。但是不管哪种模式，各高校均选择了较为灵活的体制机制，从学校层面到学院自身，通力配合、良好互动。”[1] 斯坦福大学“Bio-X 计划”是一项以生物学为基础，融合了多学科的大型跨学科研究计划，在生物科学领域产生了

---

〔1〕 原帅，黄宗英，贺飞．交叉与融合下学科建设的思考：以北京大学为例［J］．中国高校科技，2019（12）：4-7.

巨大的影响力。董樊丽、聂文洁、张兵的研究将其成功要素归结为平台组织、管理制度、资金投入、设备共享、人才团队、考核评价、成果归属等方面的体制机制创新。[1] 在学校层面打通院系之间的壁垒，是当前教学层面学科交叉融合的重要举措。以北京大学为例，一方面，北京大学在学校层面实现了自主设置交叉学科。这类交叉学科不仅数量众多，而且在研究生培养方面已经卓有成效。另一方面，北京大学建设了多个校级交叉研究平台。这些平台在管理体制上有别于传统院系，都有人事聘任、财务管理、固定场所办公等权限。各平台负责人均为国际领军人才。平台不断吸引世界前沿的优秀学者加盟团队，持续产生具有影响力的成果。国内外成功的案例毫无疑问可以为国内的学科交叉融合发展提供宝贵的经验。

二、改进研究工具和方法，强化实证主义的思维

社会科学的任务体现在对社会现象的描述、解释和预测三个方面。在过去几十年里，对人类社会现象研究的创新点和突破点往往体现在研究工具和研究方法上，尤其是量化研究的不断拓展。

量化研究的基本思维是寻找影响因素和探索影响机制，长期以来受到社会科学类学者的重视，在国内也呈现日益流行的趋势。放眼传播学史，关于传播效果的研究在很大程度上依赖工具和技术。目前，由于研究方法不断推陈出新和自我完善，无论是量化研究还是质化研究，都取得了长足的发展。比如，随着网络的兴起，源于文化人类学的民族志被学者们加以改良，网络民族志应运而生，学者们将田野工作由线下转为线上。对于传播学而言，常见的研究方法包括问卷调查法、内容分析法、实验法、个案研究法等。量化研究是传播学发展的重要推动力，特别对于经验学派而言。为了得到更为可靠的因果关系，很多关于传播效果的研究采用纵向数据，乃至采用面板数据开展研究。另外，统计模型

---

〔1〕 董樊丽，聂文洁，张兵．美国高校学科交叉融合发展借鉴及启示：以斯坦福大学 Bio-X 计划为例［J］．科学管理研究，2020，38（5）：161-167.

也越来越复杂和高级，比如，为了同时处理多个因变量，结构方程方法被广泛采用；为了探讨不同层次变量的影响，多层线性模型被引入。统计模型的不断更迭为人们探求因果关系提供了很大的助力。从“反事实”视角看待问题在社会科学领域也变得越来越流行。所谓“反事实”视角的研究，即研究同一个人接受和未接受干预处理有什么样的结果区别。近些年来，通过复杂模型，社会观测数据也可以进行“反事实”推测。但遗憾的是，受制于抽样方法等因素的影响，目前在传播学界通过“反事实”方法开展的研究还很少见。不同于传统意义上的文献综述，系统评价是针对某一具体问题的所有相关研究，运用限制偏倚的策略进行评价。这种二次分析方法和 Meta 分析存在密切的关系，很多学者甚至认为，Meta 分析是系统评价的一个类型。有研究使用系统评价的方法，考察了 2000—2017 年与青少年色情内容使用相关的 57 篇文献，其中既有关注影响青少年色情内容使用的因素的研究，也有探索色情效果的研究。作者指出，现有的实证研究更多关注个体（individual）层面，如身体发育、人身伤害、精神健康和宗教因素。对情景和活动（contextual and activity）层面的探索则需要加强，以提高对于色情问题的理解水平。[1] 笔者调查发现，系统评价和 Meta 分析在国内传播学界的研究中还罕见。

从测量角度来看，变量可以分为定类、定序、定距和定比四类。变量级别越高，所蕴含的信息量更大。经典涵化理论着眼于电视观看量与观众对社会感知的问题，通常使用问卷收集数据。在测量电视观看量时，20 世纪六七十年代的研究者往往采用三段划分法，将被调查者按回答的实际时间分为“少”“适中”“多”三组。这种处理数据的方式会损失很多有效信息。如前文所述，涵化效果存在“主流”和“共鸣”的现象，也即效果受到第三变量的干预和影响，而在统计学上，这个所谓的第三变量其实就是调节变量，在媒介观看与传播效果的关系中起到

〔1〕 ALEXANDRAKI K，STAVROPOULOS V，ANDERSON E，et al. Adolescent pornography use：a systematic literature review of research trends 2000—2017［J］. Current Psychiatry Reviews，2018，14(1)：47-58.

调节作用，强化或者弱化两者的关系。当自变量和调节变量均为连续变量时，人为地把其中的任一变量降级为定序变量都会造成信息损失，统计结果也会因为变量操作问题而发生变化。

需要指出的是，近些年来，随着国际学术交流的加强，国内社会科学界对研究方法越发重视，学术成果质量日益提升。除了统计方法的更迭之外，各类功能强大、复杂精密的仪器设备和软件大量涌现，配合数据分析需要，给研究提供了前所未有的助力，比如，适用于传播心理学的眼动仪、皮肤电测试仪，适用于数据处理的 SPSS、Stata、Amos，以及近些年来在数据处理、机器学习方面大火的 R 语言、Python 等。特别需要指出的是，受益于大数据、人工智能、机器学习等计算机科学领域的发展，计算社会科学应运而生，成为新的学科范式。不同于传统量化研究中的各种抽样数据，大数据时代数据规模庞大，展现的是人类社会生活某一方面接近总体的信息。为不良信息研究插上大数据的翅膀，势在必行。

研究工具和研究方法的进步，不仅带来了研究范式和流派的变化，同时也极大地影响了政策调研、制定、分析、筛选、实施和评价。政策科学领域应运而生。社会科学的方法和技术的更新直接促进了学理和实践的发展。学术研究，尤其是指向社会现象和社会问题的研究，研究者在从事研究时应该秉持客观、中立的原则，不以价值观念、情感、立场去干涉研究，影响研究的判断和执行，而这也是实证研究的优势。

三、拓展研究对象和研究问题，立足本土化视角

无论网络规制还是青少年科学上网问题，都牵扯到特定社会情景下的多元主体。和制定政策一样，学术界开展相关研究，应该以更为宽阔的视野，拓展与不良信息相关的研究问题和研究对象。以青少年媒介素养教育为例，现有的国内研究将侧重点往往置于青少年群体之上，围绕着这一群体的特征，在学校、媒体层面寻求合适的方法和路径。尽管大部分青少年处于接受学校教育的阶段，且与家长生活在一起，但很少有涉及媒介素养的研究关注到学校教师和家长群体，尤其是实证研究更为

匮乏。与此同时，关于家长媒介干预和网络监管的国内研究也非常少见。关于指导、干预青少年互联网使用方面，笔者认为，以下问题非常值得未来的研究予以关注：第一，对于学校教师来说，在移动互联网时代，他们的媒介素养水平如何，指导学生科学上网的工作表现如何，在这个过程遭遇了哪些困难，有哪些成绩和不足。第二，对于家长来说，他们如何看待子女上网，如何应对不良信息，除了网瘾之外还担心什么，有什么样的干预方案可以实施，特别是当孩子进入青春叛逆期时怎么处理上网问题，独生子女和非独生子女的干预方案又有哪些不同。第三，对于青少年来说，学校教育、家庭教育、同伴交往和网络生态环境这些外部因素与个人因素是如何相互作用并影响其网络行为表现的。已经有实证研究表明，不仅青少年的越轨行为受到同伴交往的影响，网络成瘾与之也有非常复杂的关系。这些问题既具有普遍性，又具有本土化的特性，不仅是传播学问题，也是社会学、教育学、心理学问题，需要结合我国改革开放以来社会、家庭发生的巨大变化这一宏大背景进行分析，如可从家庭结构、城乡差异展开分析。研究者需要基于更多学科的视野，结合更多可能的因素进行复杂机制的探讨。

四、注重理论和实践的结合，让学术研究更具价值

近些年来，实证研究大行其道，尤其是量化研究，在传播学等社会科学领域得到了广泛应用，但也有学者批评量化研究呈现“精致的平庸”症状，即尽管方法精妙，但是结论很平淡，甚至是人们的常识。大量学术研究呈现流水线式作业的图景，走马观花，缺乏深度，没有灵魂，虽然看起来“热闹”，但其实对问题缺乏洞见力。一方面，社会科学研究不应该为了研究而研究，应该主要围绕国家需求、社会需要展开，致力解决本学科、本领域的理论和现实问题，其研究的问题应该是真实、有用的“真问题”。围绕着不良信息这个研究对象，研究它对社会的影响及其机制就是非常重要的问题，对于政策制定和评估具有重要意义。近些年来，社会科学领域愈来愈重视方法，笔者以为，方法作为工具固然非常重要，但研究方法应该为研究问题服务，而并非为了炫技

或故弄玄虚以利于学术发表。另一方面，更为重要的是，针对重大社会问题的研究不应该仅仅满足于学术研究成果发表层面，学者也不应该仅仅追求著书立说，还应该以其知识和能力促进社会实践，“把论文写在祖国大地上”，比如，通过智库学者的身份参与政策咨询服务工作，促进科研成果的转化。近些年来，政府在各个领域的决策的科学性、民主性不断增强。智库在国家治理体系现代化过程中扮演着越发重要的角色。政府应该稳步推进智库建设，建立有效的机制，激发学者的热情，促进学术成果向政策转化。而学者也应该关注到社会需求，让研究成果发挥其真正的价值。

第三节　对青少年上网行为干预研究的展望

一、从网络成瘾到科学上网，研究范围需要进一步拓宽

从21世纪初开始，伴随着互联网的快速兴起，社会上出现了一批沉迷于网络尤其是网络游戏的青少年。他们在网络上消耗了大量时间并具有各种身心健康问题。为应对一新生问题，网络成瘾研究应运而生，并迅速成为持续性的学术热点。从有互联网以来，对于青少年使用互联网的问题，社会各界普遍存在忧虑。一部分人认为，青少年自制力差，很难抵御网络娱乐应用和不良信息的诱惑，其学业和生活易受影响。但随着互联网功能的日益强大和普及率的不断提高，家长和学校教师普遍意识到青少年无法回避互联网，互联网也有很多积极功能，青少年也可以通过网络进行学习，接受学校教育。科学上网和网络成瘾是互联网使用的正反面，有趣的是，现有的研究更多地关注其反面，对青少年群体的科学上网问题则关注不足。笔者认为，现在还有几个关键问题没有得到深入分析，有待继续挖掘。

首先是科学上网的内涵和标准问题。科学上网的内涵是什么？笔者以为，科学上网是健康生活方式的一部分，指的是适度、合理、科学的互联网使用方式和模式。科学上网首先意味着适度。在很多关于网络成

瘾的判定标准中，时间是一个重要指标，科学上网的判定标准也应是如此。对于青少年而言，科学上网应该有网络使用时长的标准，而且如同影视分级、阅读分级体系一样，这一标准应该基于青少年的智力、心理发育程度，对不同年龄段，或者不同年级加以细分。笔者建议有关部门组织专家学者展开论证，制定推荐时间标准。其次是从内容方面看待科学上网的问题。网络空间中并非所有合法合规的内容都适合青少年。目前，很多国家、地区已经施行了影视分级制度，但这一制度仍然没有在我国落地。分级制度的核心价值在于保护未成年人,[1] 最大限度地保障未成年人接触适合他们的内容。在科学上网方面，有必要引入一套分级标准，对青少年可能接触的网络内容进行分级，并将相关结果推荐给家长和学校，提出指导性建议。最后是关于干预方式的探索。在网络成瘾研究中，干预方式是出发点，亦是着力点。但需要指出的是，网络成瘾是一种极端的上网行为。各个年龄段中达到网络成瘾标准的都只有少数，而科学上网问题则对应着所有人。针对网络成瘾的干预方式对于科学上网标准的制定具备参考价值，这仍然需要继续探索。

二、加强本土化研究，探索适合青少年的网络行为干预模式

青少年正处于身心巨变的阶段。媒体对于其社会化进程产生了重大影响，必须加以监督和引导。在我国的社会环境下，干预青少年个体网络行为的最重要的力量来自家庭和学校。同时，政府、社区、文化服务机构、媒体等也可以加以干预，但需要立足现实国情来开展研究。举例来说，隔代抚育率方面，西方国家在 7%～58%，而我国城市地区的比例达到 50%～70%，农村地区比例更高。同样是研究媒介监管，西方学者关注的是父母媒介监管，我国学者则应该把家长的范围扩大，开展长辈（爷爷奶奶、外公外婆）媒介监管的研究。

家长群体中的一些问题，既需要本土学术研究的关注，也需要制度措施的跟进。首先需要解决的是如何有效提升家长的媒介素养，构建灵

---

〔1〕 金强．儿童最大利益原则下的电影分级制探究［J］．电影文学，2020（1）：29-34.

活开放的家长媒介素养教育终身学习体系，使之能够有效地对子女行使媒介监管的问题。当前，在案例研究方面关于媒介素养教育的文献数量不多，本土化实践更是匮乏。这种现象一方面说明研究者的研究视域存在局限，另一方面也反映出国内开展相关实践工作的匮乏。学术界应该进一步引入国际上的成功媒介素养教育实践，加以分析、评价，制定本土化情景下的媒介素养教育策略，并以智库成果等形式推动政府出台政策。其次需要整合相关社会资源，通过建立长效机制面向家长提供家庭教育指导服务。当前国内学术界关于家庭教育指导服务方面的研究数量也不多，且大多数涉及宏观层面的思考，实证研究、案例研究同样较少。

和国外一片“繁荣”的研究景象相比，国内学术界对于家长媒介监管的研究数量明显不足，且研究基本发生在心理学、教育学领域，而本该关注这一问题的传播学领域却出现了失语的现象。和传统媒体时代相比，互联网环境下的媒介监管研究，尤其是网络监管研究更具备迫切性。青少年网络行为干预框架的重心不能仅放在青少年身上，还应该充分考虑家长和学校的作用。良好的家庭氛围和亲子关系是家长网络监管效果达成的前提，而家长的媒体使用行为也会产生示范效应，影响子女的媒体使用行为。这就使得面向家长提供的教育服务内容不只限于媒介素养，还包含了更为广阔的关于家庭教育的方方面面，如何监督子女上网只是其中的一个环节。对于学校而言，一方面，学校应该通过信息技术课程提升学生的媒介素养，在教学内容上不仅强调对技术技能的培训，还需要培养学生分析、批判媒介信息的能力；另一方面，学校可以通过各种教育、宣传手段，增强学生对互联网的科学认识和对不良信息的抵御能力，促使其完善人格，养成正确的价值观。此外，学校和家庭之间还需要建立有效的联动机制，发挥协同协力效应，共同监管好青少年的网络使用行为。

三、加强对弱势家庭的关注

这里的弱势家庭主要包括留守家庭、流动家庭及单亲家庭。有学者指出，国内学术界应该重视在这几类家庭中开展父母媒介干预的研究。[1] 与之类似的，青少年上网行为干预研究也应该重点关注这些家庭。改革开放以来，随着社会变迁，中国家庭的职能、性质、形式和结构都发生了巨大变化。弱势家庭在家庭结构、家庭模式、抚养关系上具有特殊性，家长对子女采取网络监管措施时存在更多的困难和挑战。这迫切需要本土化研究的关注，在学理和实践层面进行深层次分析。与我国近年来工业化和城镇化进程加快相伴的是，社会上出现了大量的留守儿童和随迁儿童。对于留守儿童，承担监护职责的往往是爷爷奶奶或外公外婆。和父母相比，爷爷奶奶或外公外婆在监管未成年人上网方面存在更大的困难。而随迁儿童的各项需求在城市发展中极易被忽视，比较典型的是受教育问题。家庭结构的不完整，导致单亲家庭的家庭功能被削弱，同时对子女的社会控制和规范也被削弱了。这就增加了单亲家长养育子女的压力，也就有可能更加依赖隔代照料。以上三类家庭中的孩子更有可能在使用网络时出现诸如网络成瘾的负面问题，其家长在监管方面存在更大困难，迫切需要研究者格外关注。

---

〔1〕 曾秀芹，柳莹，邓雪梅．数字时代的父母媒介干预：研究综述与展望［J］．新闻记者，2020（5）：60-73.

参考文献

一、图书

[1] POTTER W J. Media effects [M]. Thousand Oaks: Sage Publications, Inc., 2012.

[2] SILVERBLATT A, MILLER D, SMITH J, et al. Media literacy: keys to interpreting media messages[M].Santa Barbara: ABC-CLIO, LLC, 2014.

[3] 胡耿丹,许全成．网络成瘾心理学[M].北京:北京师范大学出版社,2019.

[4] 金盛华.社会心理学[M].北京:高等教育出版社,2017.

[5] 张艳秋．理解媒介素养:起源、范式与路径[M].北京:人民出版社,2012.

二、期刊

[1] ALEXANDRAKI K, STAVROPOULOS V, ANDERSON E, et al. Adolescent pornography use: a systematic literature review of research trends 2000-2017 [J]. Current psychiatry reviews, 2018, 14(1): 47-58.

[2] ASHLEY S, MAKSL A, CRAFT S. Developing a news media literacy scale [J]. Journalism & Mass Communication Educator, 2013, 68(1): 7-21.

[3] BONIEL-NISSIM M, EFRATI Y, DOLEV-COHEN M. Parental mediation regarding children's pornography exposure: the role of parenting style, protection motivation and gender [J]. The Journal of Sex Research, 2020, 57(1): 42-51.

[4] BYRNE S,KATZ S J,LEE T,et al. Peers, predators and porn: predicting parental underestimation of children's risky online experiences [J]. Journal of Computer-Mediated Communication,2014,19(2): 215-231.

[5] CLARK L S. Parental mediation theory for the digital age [J]. Communication theory, 2011,21(4): 323-343.

[6] FISHER W A,BARAK A. Internet pornography: a social psychological perspective on internet sexuality [J]. Journal of Sex Research,2001,38 (4): 312-323.

[7] FREDRICKSON B L,ROBERTS T A. Objectification theory: toward understanding women's lived experiences and mental health risks [J]. Psychology of women quarterly,1997,21(2): 173-206.

[8] FUJIOKA Y. Television portrayals and african-american stereotypes: examination of television effects when direct contact is lacking [J]. Journalism & Mass Communication Quarterly,,1999, 76(1): 52-75.

[9] HOFFNER C,BUCHANAN M. Parents'responses to television violence: the third-person perception, parental mediation and support for censorship [J]. Media Psychology,2002,4(3): 231-252.

[10] KRCMAR M, KEAN L G. Uses and gratifications of media violence: personality correlates of viewing and liking violent genres [J]. Media Psychology,2005,7(4): 399-420.

[11] MATTHES J,PRIELER M. Nudity of male and female characters in television advertising across 13 countries [J]. Journalism & Mass Communication Quarterly,2020,97(4): 1101-1122.

[12] MORGAN M,SHANAHAN J. The state of cultivation [J]. Journal of Broadcasting & Electronic Media,2010,54(2): 337-355.

[13] NISBET E C,KAMENCHUK O,DAL A. A psychological firewall? risk perceptions and public support for online censorship in russia [J]. Social Science Quarterly,2017, 98(3): 958-975.

[14] OWENS E W,BEHUN R J,MANNING J C,et al. The impact of

internet pornography on adolescents: a review of the research [J]. Sexual Addiction & Compulsivity,2012,19(1-2): 99-122.

[15] POTTER W J. The state of media literacy [J]. Journal of Broadcasting & Electronic Media,2010,54(4): 675-696.

[16] REICHERT T,CARPENTER C. An update on sex in magazine advertising: 1983 to 2003 [J]. Journalism & Mass Communication Quarterly, 2004,81(4): 823-837.

[17] RICHINS M L,DAWSON S. A consumer values orientation for materialism and its measurement: scale development and validation [J]. Journal of Consumer Research,1992,19(3): 303-316.

[18] SHRUM J,BISCHAK D. Mainstreaming, resonance and impersonal impact: testing moderators of the cultivation effect for estimates of crime risk [J]. Human Communication Research,2001,27(2): 187-215.

[19] 安涛，侯琦. 农村留守儿童网络素养：基于对照的实证研究 [J]. 现代传播（中国传媒大学学报），2021，43（8）：161-168.

[20] 曾秀芹，柳莹，邓雪梅. 数字时代的父母媒介干预：研究综述与展望 [J]. 新闻记者，2020（5）：60-73.

[21] 陈道英. 我国互联网非法有害信息的法律治理体系及其完善 [J]. 东南学术，2020（1）：222-228.

[22] 甘雄，李蒙蒙. 青少年网络游戏成瘾越轨同伴交往师生关系与父母网络监管的关系 [J]. 中国学校卫生，2019，40（6）：927-929.

[23] 郭亮，王永贵. 网络流行语产生、传播流变对青少年主流意识形态认同的影响及启示 [J]. 思想教育研究，2019（4）：103-107.

[24] 韩升，赵玉枝. 当前大众文化审丑异化的批判性解读 [J]. 中央社会主义学院学报，2017（1）：100-104.

[25] 李艾珂. 新时期主流媒体的价值坚守与融合创新 [J]. 现代传播（中国传媒大学学报），2017，39（4）：68-70.

[26] 李安. 智能时代版权“避风港”规则的危机与变革 [J]. 华中科技大学学报（社会科学版），2021，35（3）：107-118.

［27］李良荣，袁鸣徽．锻造中国新型主流媒体［J］．新闻大学，2018（5）：1-6，145.

［28］李乔．网络不良信息对未成年人健康成长的危害及消除［J］．中州学刊，2007（6）：113-115.

［29］李彦，曾润喜．历史制度主义视角下的中国互联网治理制度变迁（1994-2019）［J］．电子政务，2019（6）：32-40.

［30］林爱珺，章梦天．网络内容生态治理的多元主体责任规制［J］．新闻爱好者，2021（4）：14-16.

［31］彭波，张权．中国互联网治理模式的形成及嬗变（1994-2019）［J］．新闻与传播研究，2020，27（8）：44-65，127.

［32］彭波．互联网治理的"中国经验"［J］．人民论坛，2019（34）：58-62.

［33］钱小军，龚洋冉，张佳音．互联网平台企业的社会责任为什么重要［J］．清华管理评论，2020（12）：76-79.

［34］王婧雯，张晓洁．主流媒体的价值引领与思维创新［J］．中国新闻传播研究，2019（1）：187-198.

［35］王湘军，刘莉．从边缘走向中坚：互联网行业协会参与网络治理论析［J］．北京行政学院学报，2019（1）：61-70.

［36］谢新洲，朱垚颖．网络内容治理发展态势与应对策略研究［J］．新闻与写作，2020（4）：76-82.

［37］张旺．智能化与生态化：网络综合治理体系发展方向与建构路径［J］．情报理论与实践，2019，42（1）：53-57，64.

［38］张雨，敖双红．论网络言论自由的界限：以权利与权力的关系为视角［J］．湖南师范大学社会科学学报，2016，45（3）：89-96.

［39］朱垚颖，张博诚．演进与调节：互联网内容治理中的政府主体研究［J］．人民论坛·学术前沿，2021（5）：102-107.

后 记

“究天人之际，通古今之变，成一家之言”，这是司马迁总括自己编撰《史记》的目的和意义。每读起《报任安书》中的这段文字，我都心潮澎湃，深深为前辈学人的胸怀气魄所折服。从事社会科学研究的我，虽然能力有限，但也始终憧憬着出版一本高质量的著作，对某一个研究领域做出一点小小贡献。

近年来，互联网深度嵌入人类社会的每一个角落，不仅为经济增长提供助力，也给人们的日常生活带来种种便利。在人们享受互联网带来的各项好处之时，不良信息却作为一种社会“顽疾”，在网络空间屡禁不止，污染了文化环境，对于社会公众产生了负面影响，尤其对青少年的健康成长造成了严重威胁，迫切需要多学科的审视和系统化的治理。对于社会现象的分析解读，大体上可以通过思辨研究和实证研究两种路径来进行。国内多采用思辨研究分析青少年与不良信息的关系，而实证研究的数量明显较少。相比之下，国际学术界对于这一问题的探索不仅历史悠久，而且成果极其丰厚，国内的研究者应多加以关注并吸收其营养。此外，关于不良信息的探索，又涉及媒介素养与媒介素养教育、主流媒体价值引领、网络生态治理和青少年健康上网等议题，也需要一一梳理和分析。

本书较为系统地探索了青少年与网络不良信息之间的关系，提供了多重视角，全景式地展现了学术和实践领域的相关成果，并对网络内容生态治理、青少年健康上网和未来研究提出了建议。

我能够写下这样一本著作，首先要庆幸自己有意无意地接触过很多学科知识。如果没有这些知识储备，是很难全面理解本书所探讨的不良信息相关研究领域的。我所学驳杂，大学时就读于北京林业大学的工科专业，同时辅修法学。2007 年进入北京大学人口研究所读研，随后又考入本校的信息管理系继续攻读博士学位，专业为编辑出版学。读博士研究生一年级时，师兄王存同见我散漫，对我再三劝诫，我醍醐灌顶，从此开始奋发图强，对于量化研究进行了持久的关注。回望自己的学习和科研历程，我的理解是：学习方法犹如负重登山，待攀至高处看云卷云舒，才觉不枉此行，此乐实不足为外人道也。另外，也是因为有一些法学的基础，读博之后，我对于互联网治理问题保持了长期的关注。博士毕业，进入苏州大学成为一名青年教师，由于授课的需要，开始关注传播学理论，突然意识到原来可以从传播效果视角理解不良信息，这一所谓发现打破了我原来的认知，激发了我的兴趣。2017 年，我提交的“健康传播视域下青少年与网络色情治理研究”项目，获批教育部人文社会科学研究青年基金项目立项，而网络不良信息在内涵上又包括网络色情。为了完成课题任务，前后几年我投入了很多精力在这一研究领域。总之，各种机缘汇聚到一起，成了我写作这本书的初衷。回头想一想，人生总是很奇妙，我的每一分努力和关注都没有白费。

学识有限，加之时间比较仓促，这本书还存在很多不足，恳请各位读者不吝赐教，多提宝贵建议。面对学术界各位前辈贤达的人品和学问，虽不能至，然心向往之。治学道路漫长，我当勤学自勉，奋起直追。

徐 蒙